JN283985

インフレーション宇宙論

ビッグバンの前に何が起こったのか

佐藤勝彦 著

ブルーバックス

構成　矢ノ浦勝之
装幀　芦澤泰偉・児崎雅淑
カバー・本文イラスト　玉城雪子
本文デザイン・図版　斎藤ひさの（STUDIO BEAT）
協力　神宮司英子（朝日カルチャーセンター新宿教室）

はじめに

　これまでに私は何冊か宇宙論の本を書いていますが、インフレーション理論を中心にまとめ、書名にも掲げたものは、今回が初めてになります。「インフレーション」と聞くと経済学の言葉のように思われるかもしれませんが、これは宇宙の誕生について説明する理論で、私やアメリカの物理学者アラン・グースらが1980年代のはじめに提唱したものです。

　この理論は、数学的に正確に表現するならば「指数関数的膨張モデル」ということになり、私が最初に提唱したときはそう呼んでいました。しかし、およそ半年後、グースは私とは独立に同じ指数関数的膨張モデルの論文を学術誌に投稿し、この理論に「インフレーション」と名づけました。命名の巧みさや宇宙の平坦性・地平線問題についての明解な記述から、いまでは「インフレーション理論」として世界的に流通するようになりました。

　私たちの住んでいるこの宇宙には、「はじまり」があったのだろうか？　もし「はじまり」があったのなら、それはどのようなものだったのか？　これらは、人類の歴史が始まった頃から問われつづけている疑問です。かつては、これらの疑問に答えられるのは宗教や哲学しかないと考えられていました。あまりにも雲をつかむような話なので、科学では太刀打ちできないとされていたのです。

　しかし、いま、「科学の言葉」でこれらの疑問に答えることができる時代になってきています。宇宙の誕生や進化・構造について研究する学問分野である「宇宙論」が、この100年ほどの間に驚くほどの進歩を遂げたからです。

　たかだか百数十年前、人間にとって宇宙とは、私たちが住む天の川銀河がすべてでした。人間が観測できる宇宙が、そこまでだったのです。しかし今世紀のはじめ、観測技術の爆発的進歩により、宇宙は少なくとも400億光年の大きさまで広がっていて、そこには無数の銀河が存在し、天の川銀河はその一つにすぎないことを私たちは知っています。そして、この宇宙はビッグバンと呼ばれる「火の玉」から始まったことまで、私たちは知ることができました。

　ただ、このような宇宙についての知の広がりに貢献したのは、観測だけではありません。むしろ観測より先に、「宇宙はこうなっているのではないか」と予想する理論があり、それが観測によって証明されることで、宇宙論は発展してきました。20世紀初頭にアインシュタインによってつくられた、時間や空間を考える相対性理論、また、同じくこの時期にボーア、ハイゼンベルグ、シュレディンガーらによりつくられた、ミクロの世界を記述する量子論。これらは現代の物理学を支える2本の柱ですが、宇宙論もまた、この2つの理論が確立されたことで、飛躍的な進歩を遂げたのです。とりつくしまもないような宇宙のさまざまな謎が、物理学の理論によって解き明かせるようになったことを、私も物理学者の一人として大いに誇りに思っています。

いまや有名になったビッグバン理論も相対性理論と量子論をもとに築かれたものですが、137億年も前の宇宙誕生のシナリオが理論によって予言され、それがのちに観測事実によって証明されるというのは本当に驚くべきことで、すばらしいことだと思います。

しかし、やがて研究が進むにつれ、ビッグバン理論だけでは宇宙創生について十分に説明しきれないことがわかってきました。たとえばビッグバン理論では、宇宙がなぜ「火の玉」から始まったかについては、答えることができません。また、ビッグバン理論を推し進めていくと、宇宙の究極のはじまりは「特異点」という、物理学の法則がまったく破綻した点であったと考えざるをえなくなります。いわば宇宙には物理学が及ばない「神の領域」があることを認めざるをえないわけで、これは物理学に携わる者として容易にはうけいれがたいことです。

私やグースらが提唱したインフレーション理論とは、ごく大づかみに言えば、物理学の言葉で宇宙創生を記述しようという理論です。最初は突拍子もない説という見方もありましたが、いまではインフレーション理論は宇宙創生の標準理論として認知されるまでになりました。さらにインフレーション理論によって、宇宙創生のみならず、宇宙はこれからどうなるのか、そして宇宙とはどのような姿をしているのかについても予言できるようになりました。10の100乗年後という途方もない未来や、宇宙は私たちの宇宙のほかにも無数にあるというマルチバースの考え方など、想像を絶するような宇宙像が新たに提示されてきているのです。

本書は、そうしたインフレーション理論とはどのようなものか、宇宙論の初心者である読者にも「およそこういうことなのだな」と輪郭をつかんでいただくことをめざして書かれたものです。なにしろ物理学の最先端の話ですから、どうしても難しい言葉や概念は避けて通れません。しかし、可能なかぎり厳密さよりもわかりやすさを優先し、言及しなくとも大筋の理解には支障がなさそうな事柄は、思いきって説明を省きました。そのため、少し宇宙論にくわしい方には物足りない点もあるかもしれませんが、木にとらわれずに大きな森の姿を広く一般の方に知っていただきたいという思いからとご理解ください。

近年では宇宙は、ダークマターやダークエネルギーなどの新たな難問をわれわれ物理学者に投げかけてきています。これらは宇宙についての理論や観測が進歩したからこそ発見された問題です。新しいことを知れば、新たな問題に突き当たり、それを解決することでまた新たな発見がある。物理学はこうして進歩してきたのであり、これらの難問もいずれは解決され、その過程でまた新たな知の扉がひとつ開かれることでしょう。

大切なのは、なにごとにおいてもどうしたら科学の言葉で説明できるだろうかと考えぬく態度ではないかと思います。この本を通して読者のみなさんにも、そうした物理学者の精神を感じとっていただければ幸いです。

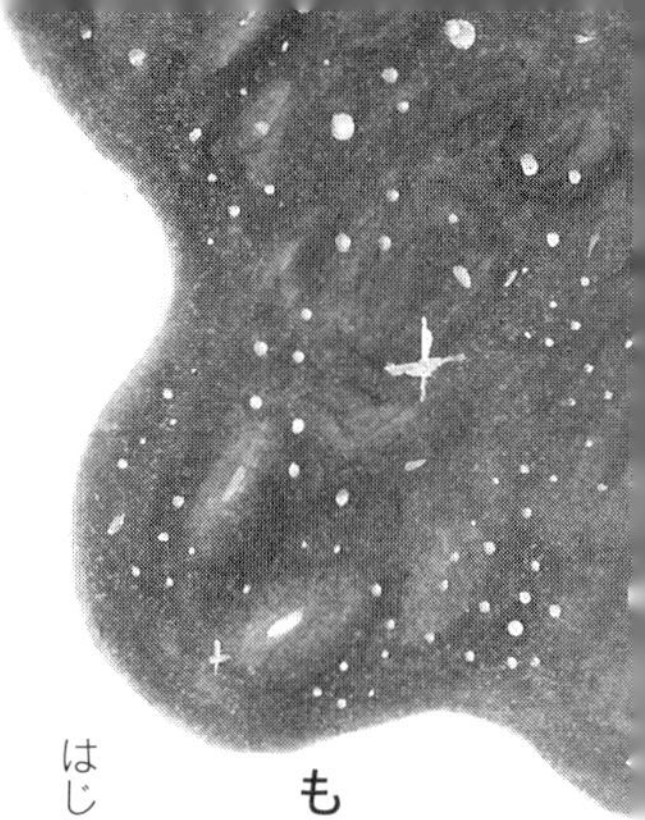

もくじ

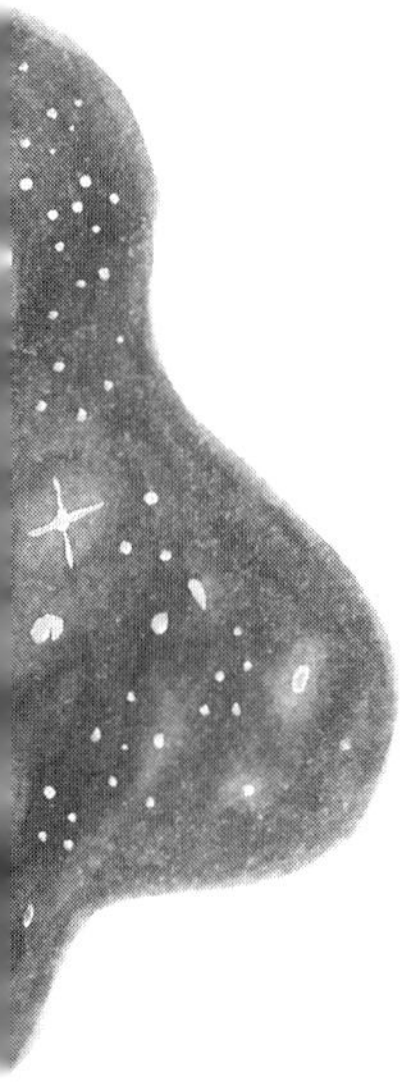

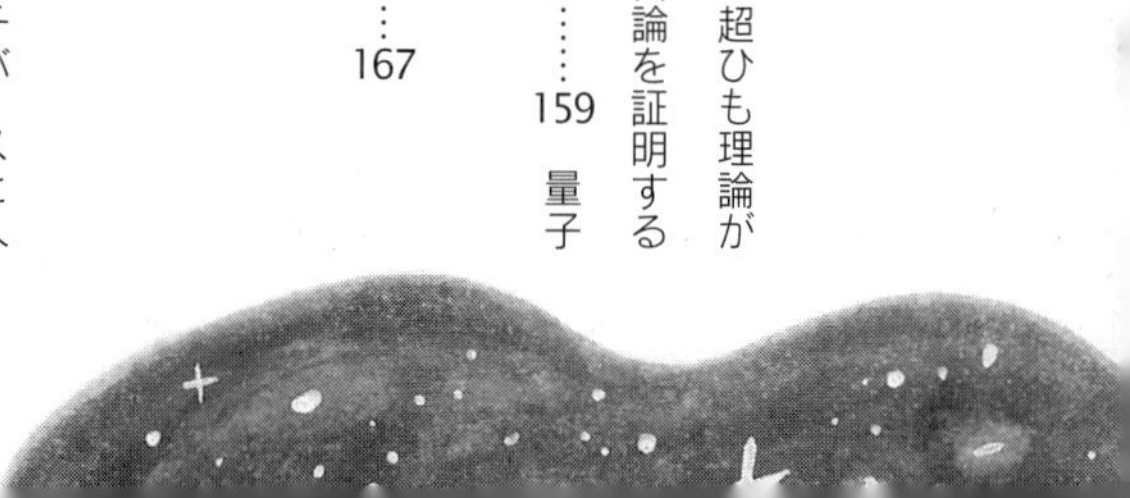

第1章

インフレーション理論以前の宇宙像

地上で確かめられた物理学の法則だけを使って、はるか昔の宇宙のはじまりについて予言したら、本当にその予言通りだった——。このことはつまり、物理学というものが地上の現象だけを説明するものではなく、宇宙全体を支配するような法則についての学問だということです。

（本文より）

「宇宙論」はいま始まったばかり

まず、この絵をご覧ください（図1—1）。これはヒンドゥー教の神様、「シバ神」です。

インドには「ブラフマー神」「ビシュヌ神」「シバ神」という三人の神がいて、それぞれに役割があるとされています。まずブラフマー神が宇宙を創り、次にビシュヌ神が宇宙を発展させ、そして最後にシバ神が宇宙を破壊するというのです。

ところが、ヒンドゥー教には三神一体論、つまりこの三人の神様は一体であるという考え方があり、この絵には、シバ神がダンスを踊りながら、一人で三つの役割を演じているところが描かれているのです。

シバ神がいちばん右の手に掲げているのは小太鼓で、これは宇宙の「創生」を奏でるのだそうです。いったいどんな音が奏でられるのか、聴いてみたいものです。次に、前方に突き出した手で宇宙を「発展」させ、進化させます。この手でいろいろな天体を創り、生命を創り、人を創るわけです。そして、最後にシバ神は、刺《とげ》のある槍《やり》のような武器（火炎の象徴）を使って、宇宙を「破壊」します。いわばこの1枚の絵に、創生から破局までの宇宙の歴史が描きこまれているのです。

図1―1　三神が一体となったシバ神。右足で立ち、左足を上げるダンスを踊りながら宇宙を創生し、発展させ、破壊する

世界にはこのヒンドゥー教の例のほかにも、宇宙創生にまつわる神話や伝承があちこちに残っていて、絵画や彫刻などに描かれています。私はそういう品々を集めるのが大好きで、インドの研究所でアドバイザーを務めていたときも、シバ神の彫像が売られているのをひと目見て感激し、重さが10kgもあったのに衝動買いしてしまいました。あとで日本に持ち帰るときの苦労は、大変なものでしたが。

宇宙はいったいどのようにして始まったのか。

星や生命はどのようにしてできたのか。

そして宇宙はこれからどうなるのか。

これらの疑問は、古代から多くの人たちの興味をひきつけてきました。神話として語られるだけでなく、学問の世界でも、おもに哲学者や神学者によってさまざまな説が唱えられてきました。ある時期まで、宇宙の問題は哲学であり、あるいは宗教だったのです。

実は、宇宙の問題について科学的にアプローチできるようになったのは、長い人間の歴史のなかでもごく最近のことです。いまようやく、このようなことを考える学問は「宇宙論」という科学の一分野として確立されました。そしてそれらの研究は、まだ始まったばかりであるにもかかわらず、従来考えられていた宇宙像とはまったく違う驚くべき宇宙の姿を、次々と私たちに示してきたのです。この章ではまず、そうした宇宙論の歩みを簡単に紹介していきます。

私たちの宇宙は「銀河宇宙」

そんなことは百も承知だと思われるかもしれませんが、私たち人類は、太陽系の第三惑星「地球」という惑星に住んでいます。そして地球は「天の川銀河」といって、星（宇宙論では星といえば恒星を指します）が円盤状に2000億個も集まっている銀河の中にあります。

天の川銀河の直径は8万〜10万光年ほどで、その真ん中にはバルジという膨らんだ領域があり、多くの星が集まっています。また、中心部にはブラックホールがあるといわれます。私たちの太陽系は、中心部から約2万7000光年離れたところにあるといわれています。「光年」とは長さの単位で、秒速約30万kmで進む光が、1年かけて到達する距離が1光年です。キロメートルに直すと約9兆4600億kmにもなります。

この天の川銀河から約230万光年離れたところに、もっとも近い銀河である「アンドロメダ銀河」があります。その直径は22万〜26万光年で、天の川銀河のおよそ2倍です。アンドロメダ銀河を直径2cm強の10円玉とすれば、天の川銀河はそこから20cmほど離れたところに存在しているようなものです。

このような銀河が宇宙には無数にあり、それぞれ運動しているわけです。だから、衝突するこ

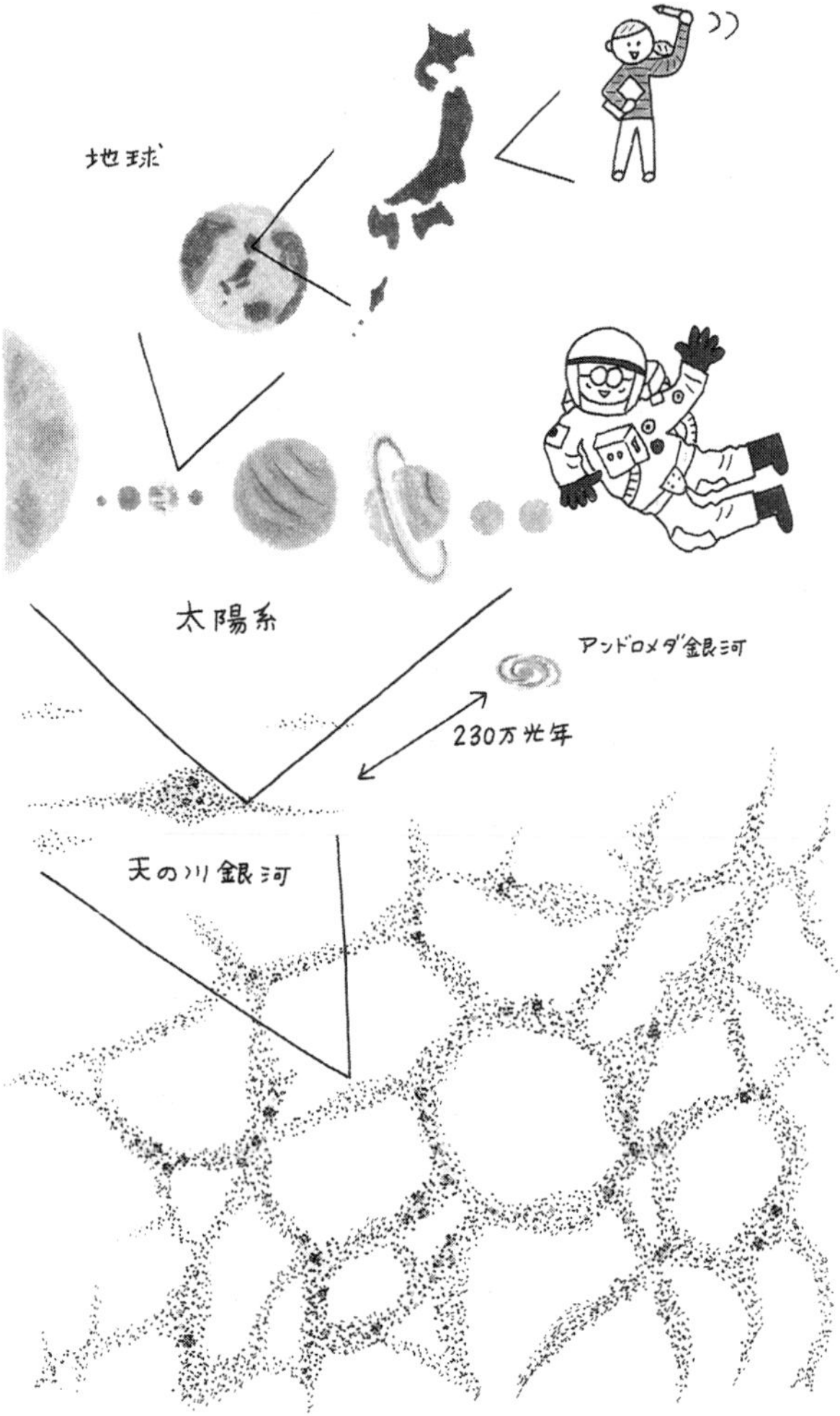

図１—２　宇宙論的スケールでは、宇宙の構成要素は銀河である。天の川銀河も、小さな点のひとつにすぎない

とも珍しくありません。これまで、銀河は衝突・合体を繰り返しながら進化してきたともいわれています。そして実は私たちの天の川銀河も、あと50億年ほどするとアンドロメダ銀河と衝突し、合体する運命にあるのです。

もっと大きく宇宙を見るために、天の川銀河を中心に置いて「地図」を描いてみます。２０００億個以上の星が集まっている銀河を一つの点として、宇宙に点を打っていくのです。すると、点の分布が蜂の巣のようになっていることがわかります。蜂の巣の各辺の部分に銀河が集まっていて、巣の真ん中の部分には銀河が少ないのです。少なくとも数十億光年彼方までの宇宙はこうした構造になっていることが、１９８０年から１９９０年にかけてわかりました。

観測可能な範囲でも、銀河の数は１０００億個を軽く超えているでしょう。私たちの宇宙は、基本的には「銀河宇宙」といえるのです（図１―２）。

これが、現在の私たちが認識できる宇宙の姿です。

「島宇宙」から「銀河宇宙」へ

ここで時間をさかのぼって、百数十年ほど前の宇宙像はどうだったのかを見てみましょう。これはのちほどお話しする「宇宙の未来」の姿に関係する話でもあります。

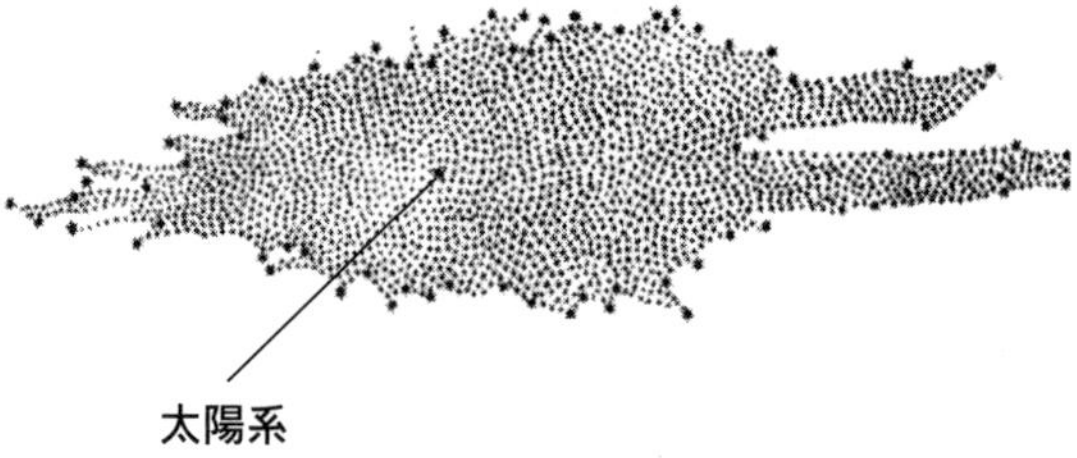

図1—3　ハーシェルの島宇宙

18世紀から19世紀前半にかけて、有名な天文学者であるイギリスのウィリアム・ハーシェル（1738〜1822）は非常に大きな反射望遠鏡を作り、いろいろな星の分布を観測していました。そして「私たちは『島宇宙』に住んでいる」ということを発見したのです。彼は星の分布を精密に調べ、星はどうも空間的に「島」のようなものの中にあるらしく、その島の中のひとつの星が太陽であることを示しました（図1—3）。そして、島宇宙の外側にはまったく何もない真空の、いわば「虚空の空間」が広がっていると考えたのです。

虚空の空間の中に1個の島宇宙があり、その中に私たちが住んでいる、というのがハーシェルが考えた宇宙像です。現在の宇宙像に置きかえれば、この島宇宙が天の川銀河ということになります。しかしハーシェルの時代にはまだ、天の川銀河の外側に何か天体があるとは考えられなかったのです。

実は、1000億年後の未来の宇宙にもし人間のような知的生命体が存在すれば、この島宇宙と同様の宇宙像を描くことになるのではないかと考えられているのですが、これについては、第4章で話をしたいと思っています。

さてその後、20世紀初頭に、アメリカの天文学者、エドウィン・ハッブル（1889〜1953）が、実はハーシェルの見つけた島宇宙とはわれわれが住んでいる銀河（天の川銀河）であり、よく観測すれば、その隣にはもう一つの銀河（アンドロメダ銀河）があることを発見します。それまでもアンドロメダ銀河は観測されてはいたのですが、天の川銀河からの距離を正確に測れなかったため、天の川銀河の中にある星のかたまりではないかと思われていました。しかしハッブルは、勤務していたウィルソン山天文台の、当時では世界最大のフッカー望遠鏡を使って、アンドロメダ銀河は天の川銀河の外にあり、しかも宇宙にはほかにも同様の銀河がたくさん存在することを発見したのです。

図1―4　宇宙像を書き換える多大な業績を残したハッブル

これによって初めて、宇宙においては銀河が基本的な構成要素であることがわかりました。従来の宇宙像を一変させたこの発見は、ハッブルの大きな業績の一つです。

「時間と空間」を科学にしたアインシュタイン

ハッブルの発見と前後する1916年、宇宙はどのようにして始まったのか、宇宙はこれからどうなるのか、といった宇宙論を議論するために、なくてはならない理論が創りあげられました。アルバート・アインシュタイン（1879～1955）の一般相対性理論です。

われわれが住む宇宙とは何かを議論するには、つまるところ「空間とは何か」ということを物理学的な意味でわかっていなければいけません。また、宇宙のはじまりを議論するには、「時間のはじまり」がわかっていなければなりません。そうした「空間」と「時間」についての理論が、一般相対性理論なのです。

もちろん、空間や時間について考えたのはアインシュタインが初めてではありません。17世紀にアイザック・ニュートン（1642～1727）が、「空間と時間は物理学の枠組み」であるという考え方を確立しました。彼の築いたニュートン力学では、3次元の空間と1次元の時間はつねに絶対不変であるとされ、それはその後、長く科学の常識とされてきました。

しかし、20世紀初頭にアインシュタインが生み出した相対性理論は、物体があると空間が歪《ゆが》んだり、時間の進み方が違ったりする、つまり「空間も時間も絶対不変ではない」という、まったく常識破りの考え方でした。

相対性理論が宇宙論にはたした意義を簡単に説明すれば、次のようなことです。「宇宙のはじまり」や、「宇宙」そのものについて考えようとすると、時間がいかに始まったのかとか、空間の果てはどうなっているかといったことがどうしても問題になります。そのときに、時間や空間についての物理学がなければ議論をすることができません。幸いにもアインシュタインが一般相対性理論という理論を創ったことによって、初めて「科学の言葉」で、時間や空間について議論することが可能になったのです。

アインシュタインは自身の理論を完成させたあと、宇宙について多くの名言を残していますが、そのひとつにこのようなものがあります。

「私は、神がどのような原理にもとづいて、この世界を創造したのかが知りたい。そのほかのことは小さなことだ。私がもっとも興味を持っていることは、神が宇宙を創造したとき、選択の余地があったかどうかだ」

これはいかにも物理学者らしい言葉だと私は思います。彼が言おうとしたのは、要するにこういうことです。

――もしも、宇宙の創生から進化までがすべて物理学の法則にもとづいて決められているなら ば、宇宙創造において神が自分の意図で何かを選択する余地はない。しかし、もしも神が物理学

図1―5　いま、アインシュタインの疑問に「科学の言葉」で答えられる時代になった

を超えたものであるならば、神に選択の余地はある。はたして宇宙の創造とは、物理学の法則のみで答えられるものなのか、そうではないのか――。

いわばヒンドゥー教の三人の神のように、宇宙の創生、発展、そして破壊をつかさどる絶対的存在がいるのかどうか、という疑問です（図1―5）。

これらの疑問に対して私たち物理学者は、物理学の言葉だけで答えたいと考えています。神様にお出ましいただかなくても、物理学だけで宇宙創生を記述したいのです。これは非常にチャレンジングな試みではありますが、スティーヴン・ホーキング（1942〜）をはじめとする多くの物理学者がそのために頑張っています。そして実際にいま、宇宙創生について、物理学の言葉で語ることのできる時代になってきていると考えています。

一般相対性理論の方程式

ここで一度みなさんにも、一般相対性理論の式（アインシュタイン方程式）を見ていただきましょう（図1―6）。

こういう数式を見ると、急に眠くなる方や、うんざりされる方が多いのではないかと思いますが、この本を読み進むにあたって、この式の意味を厳密に理解する必要はありませんので、だいじょうぶです。

先にも述べたように、一般相対性理論とは、時間や空間に関する理論であり、「時間も空間も絶対不変ではない」ということを考えた物理学です。そのことだけを覚えていてください。

とはいえ、いちおう式をつくるそれぞれの部品の意味についても説明しておきましょうか。

この式の左辺にある$R_{\mu\nu}$は、時間と空間（時空）の曲がり具合（曲率）を表す量です。$g_{\mu\nu}$は計量テンソルと呼ばれている難しい量で、左辺全体としては「時間と空間の幾何学（曲がり）」を表しています。右辺の、Gは万有引力定数。cは光の速度、$T_{\mu\nu}$はエネルギー・運動量を表す量で

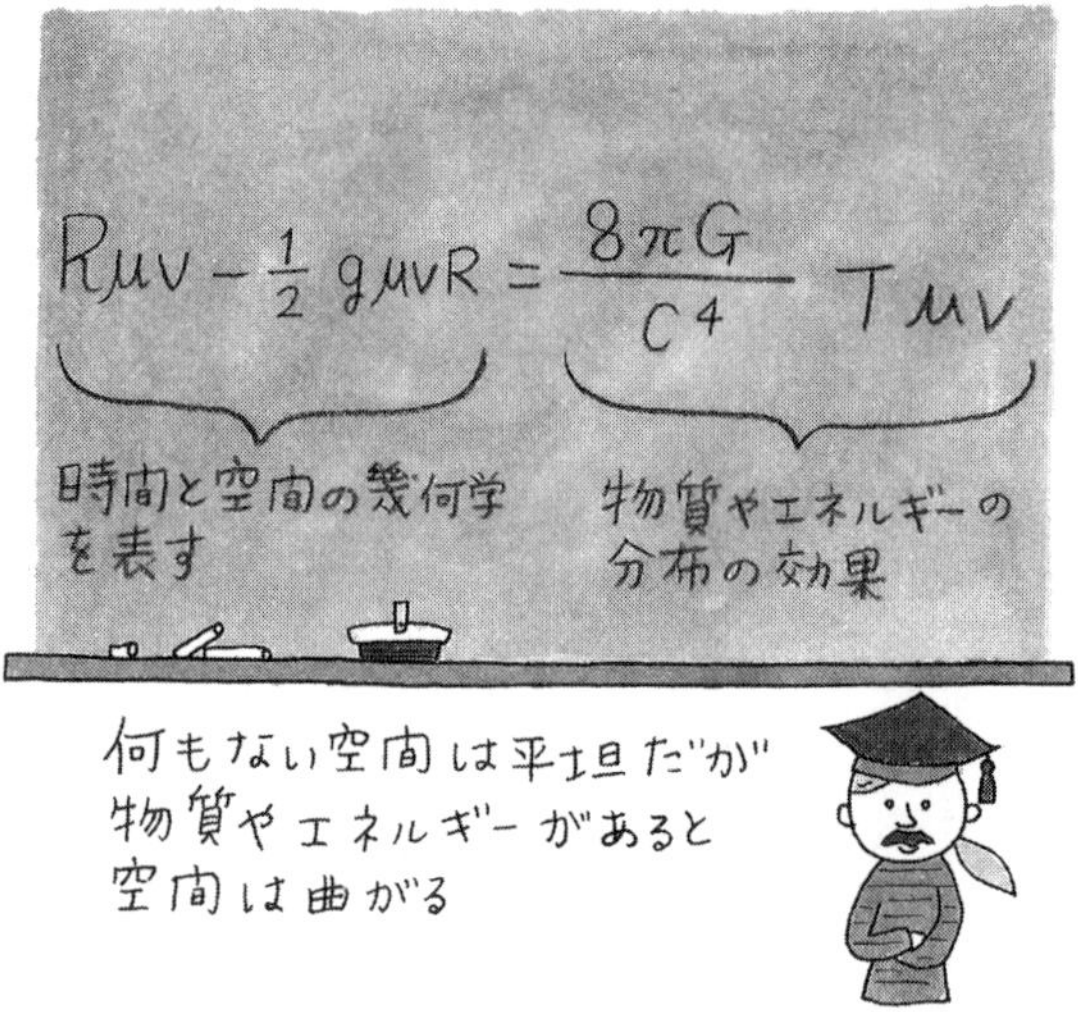

図1―6　一般相対性理論の方程式。このおかげで、宇宙のはじまりなどの宇宙論を研究することが可能になった

す。右辺全体としては「物質やエネルギーの分布の効果」を表しています。

この式の意味するところをごく簡単に言ってしまえば、「何もない空間は平《へい》坦《たん》」だけれど、「物質やエネルギーがあると空間が曲がる」ということです。たとえば、いまみなさんがこの本を読んでいる部屋にある物質の分布がわかると、部屋の空間の幾何学（曲がり）が決まる、という式なのです。

ただし、この幾何学は、時間と空間を合わせた「時空」についてのものです。空間だけでなく時間も含めたものですから、場所によっては空間が曲がっているだけでなく、時間の進み方も違ってくることもあります。それぞれの場所ごとの、多様な空間と時間の幾何学を表していると思っていただければいいでしょう。

とにかく、物質やエネルギーの分布によって、時空の幾何学が変わるということが、一般相対性理論の方程式のエッセンスなのです。

この方程式ができたことによって初めて、人間は宇宙のはじまりや宇宙の果てなどについての研究、つまり宇宙論の研究が可能になりました。では、アインシュタイン方程式によって宇宙論がどう発展したかについて、話をしていきましょう。

アインシュタインの静止宇宙モデル

宇宙論に興味をお持ちの読者のみなさんは、現在、宇宙が膨張していることはご存じだと思います。

宇宙が膨張していることは、１９２９年にハッブルによって発見されました。しかし、それまでは、宇宙は永遠不変だと考えられていました。夜空を見ると惑星はうろうろと動きますが、星（恒星）は過去も未来もずっと、同じ場所で輝き続けると考えられていて、宇宙が膨張や収縮をするなどとは思いもよらなかったのです。それはアインシュタインも同じでした。

一般相対性理論を完成させた翌年、アインシュタインは一般相対性理論をもとにして、独自の宇宙モデルを提唱しました。現在では「静止宇宙モデル」と呼ばれているものです。「宇宙は膨張したり収縮したりしない、永遠不変のものである」。そう確信していたアインシュタインは、以下のようなイメージで宇宙モデルを考案しました。

私たちはふだん、地球の表面を平らな、2次元の世界と感じて生活しています。しかし、現実には地球全体の表面は2次元ではありません。いうまでもなく地球は球体ですから、3次元の曲面からなっています。

そこで今度は、次元を一つ上げて、ふだん2次元の平面と感じている地球の表面を、3次元の曲面だと思ってください。すると、地球全体の表面は4次元の曲面ということになります。宇宙とは、この4次元の地球表面のようなものであると考えるのが、アインシュタインの宇宙モデルなのです。

「球の表面は3次元としか実感できないから、4次元などと思うのは難しい」と思われるかもしれません。しかし、2次元としか実感できない地球の表面が実際は3次元であることと、考え方は同様だということだけ理解していただければよいと思います。

つまり、私たちが住む地球で、ある場所から球の表面上をひたすら北に向かって進むと、やがて北極を越え、今度は南に向かい始め、さらに進むと南極を越えて再び北に向かい、結局、元の場所に戻ってきてしまいます。これは南北方向だけでなく、東西方向でも同じです。

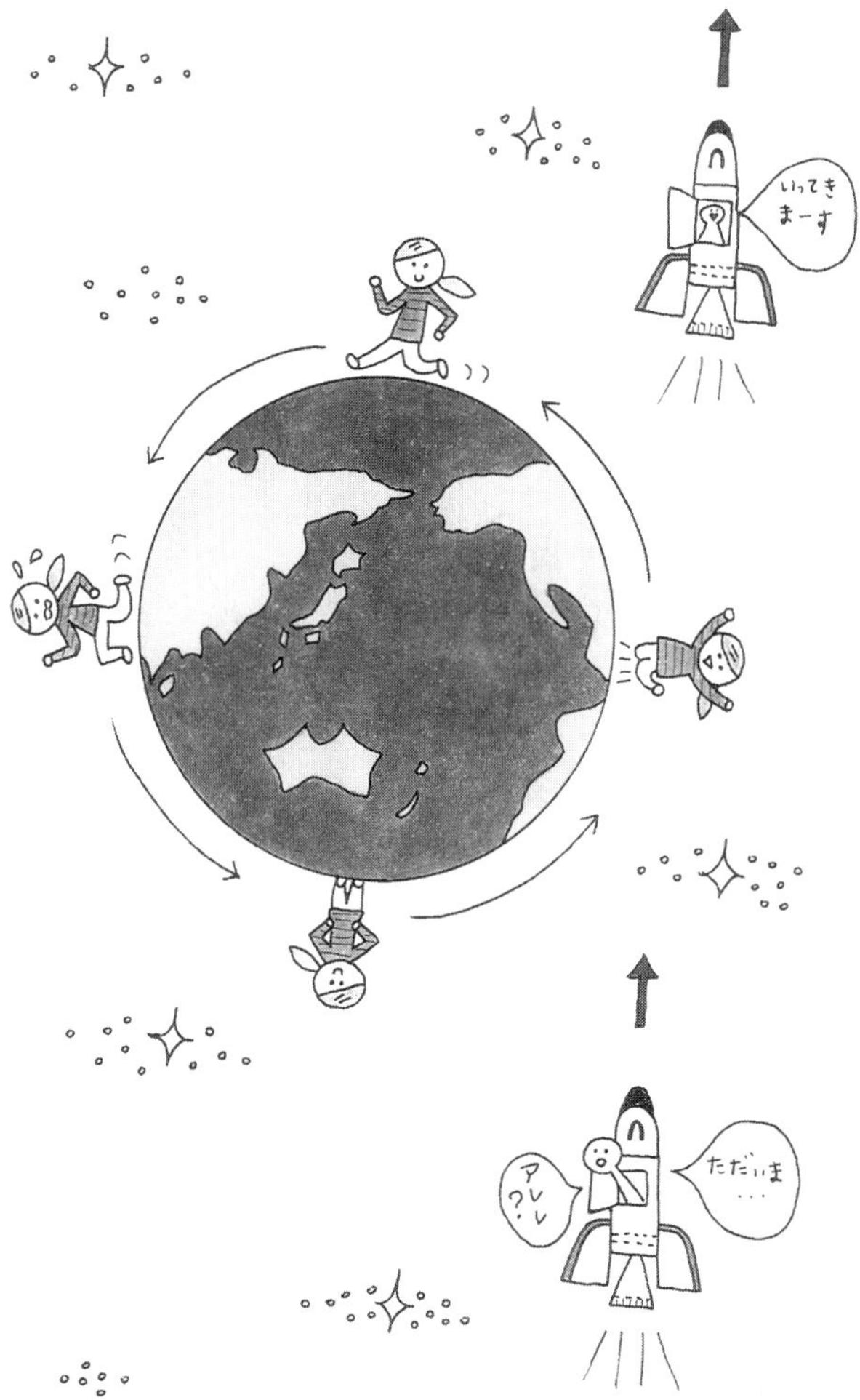

図１—７　アインシュタインの静止宇宙モデル。地球の表面上をまっすぐ進むと元の場所に戻るように、ロケットで宇宙をまっすぐ進むと元の場所に戻るという空間が考えられた

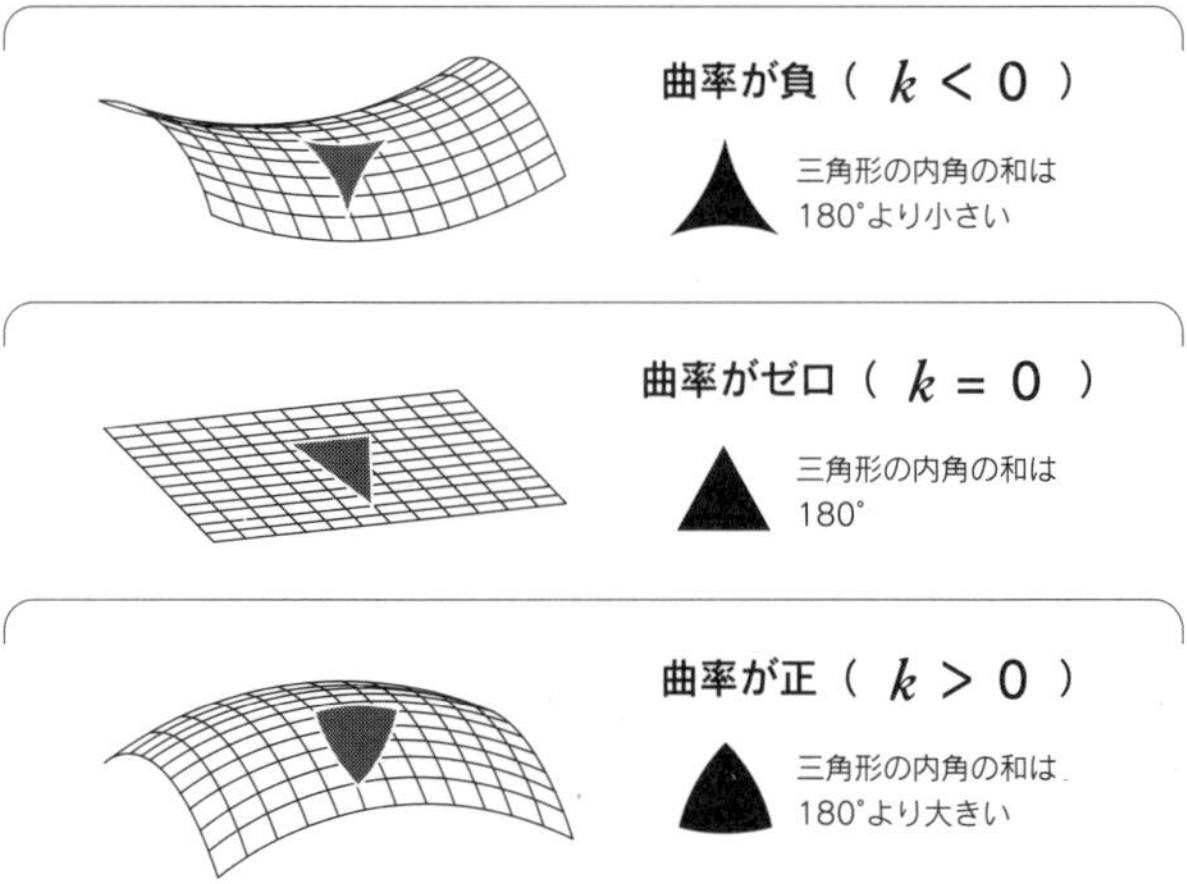

図1—8　曲率の３つのパターン

同じように、宇宙の中をロケットでひたすら上に向かって進んでいくと、やがて下のほうから元の場所に戻ってくる、あるいは前に向かって進んでも、やがては後ろのほうから元の場所に戻ってくる。そのような空間が、アインシュタインが考えた宇宙モデルです（図1—7）。つまり、体積は有限だけれども果てはない空間ということになります。

ただし、このモデルを考えるには、空間の「曲率」が「正である」ということが必要になります。「曲率」とは何か、それが「正」とはどういうことかをイメージしていただくには、以下のような例がわかりやすいかもしれません。

みなさんが机上で紙に描いた三角形は、

内角の和が180度になります。しかし、地球儀の上で、たとえば北極点と、アフリカのある1点と、スマトラ沖のある1点を結んで三角形を描くと、内角の和は180度よりも大きくなります。このような、内角の和が180度よりも大きくなる空間を「曲率が正」というのです。内角の和が180度になる机上の紙は、「曲率がゼロ」の空間です（図1―8）。

全体の体積は有限だけれども、曲率が正で果てがない空間――これが、アインシュタインが考えた宇宙の姿であり、静止宇宙モデルと呼ばれているものです。

つじつま合わせだった「宇宙定数」

しかし、実はアインシュタインは当初、思い描いたような静止宇宙モデルをうまくつくることができませんでした。みずからが生んだ一般相対性理論に実際に当てはめてみると、その宇宙は、収縮してつぶれてしまうことがわかったのです。

実はアインシュタイン方程式とは、言い方を変えれば、ニュートンの万有引力の方程式を拡張したものです。「引力が働くのは、空間が曲がっているからだ」と考えることで、重力についてうまく説明したものなのです。

高校で物理を勉強した方なら、ニュートンの重力定数（万有引力定数）というものをご覧にな

図1—9　宇宙定数が入ったアインシュタイン方程式

ったことがあると思います。これは「引き合う力」のみについて表したものです。アインシュタインの理論もまた「引力」の理論であり、「引き合う力」のみについて示したもので「反発し合う力」（斥力《せきりょく》）は含まれていません。これでは、どうしても互いが引きつけ合い、やがて宇宙は収縮してしまうことになるのです。

そこで、アインシュタインは自分の考案した方程式を改竄《かいざん》することを考えます。この方程式に、「引力」である重力に対抗して「斥力」の役割をはたす「宇宙定数」と呼ばれる項をつけ加えたのです。

そこには実験的な根拠は何もありませ

んでした。ただ、宇宙が膨張も収縮もしないためにはこういう定数がなければ困ることから、いわば勝手に追加した項です。宇宙定数は「宇宙項」とも呼ばれます。また、「Λ《ラムダ》」というギリシャ文字が使われたことから「Λ項」とも、あるいは空間が互いに押し合うような効果を持つため「宇宙斥力」という呼ばれ方もされています。ともかくそういう項を加えることで、引力の項とのバランスを持たせようと考えたのです（図1―9）。

宇宙は、それ自体の大きさを決めるポテンシャルエネルギーというものを持っていて、それには空間を押し縮める力（引力）と、空間を押し広げる力（斥力）の2種類がある。これらを足したものが、宇宙の本当のポテンシャルエネルギーである、というわけです。つまりアインシュタインは、この二つを釣り合わせることで静止宇宙モデルをつくったのです。

しかし私は、こんな宇宙には住みたくないものです。数学的には確かにつりあいはとれていますが、現実には、ほんの少しの「ゆらぎ」によってバランスが崩れても、加速度的な膨張をするか、あるいは急激な収縮をするという宇宙なのですから。

ハッブルが発見した「宇宙の膨張」

ところがその後、そんな「宇宙定数」などという変なものは必要ないと考え、アインシュタインの方程式を使ってそのまま宇宙空間を計算した人が現れました。ロシアの科学者、アレクサンドル・フリードマン（1888～1925）です。フリードマンは「もしも宇宙が時間的に変化するならば、それを受け入れればよい」と考えて、宇宙定数なしで計算をしたのです。

この計算は簡単ですから、すぐに3通りの答えが出てきました。

一つは「曲率が負」の宇宙。これは膨張しつづけ、どんどん物質の密度が小さくなっていく宇宙です。

それから「曲率がゼロ」の宇宙。これは膨張しながらも、その速度が減速していく宇宙です。膨張のスピードが減速はしますがゼロになることはなく、ゆっくりと膨張を続ける宇宙です。

そして「曲率が正」の宇宙。これは当初は勢いよく膨張するものの、やがて宇宙内の物質の引力によって収縮し、つぶれてしまうという宇宙です。

宇宙はこの3つのシナリオのうちのいずれかに則《のっと》り成長している、というのがフリードマンの出した答えで、これは現代の宇宙論の基礎になっている標準的な考え方です（図1―10）。

フリードマンが書いたこの論文について、"Blackholes and Universe" という本（イゴール・ノヴィコフ著）に、次のようなエピソードが紹介されています。

フリードマンは論文をドイツの学術誌に投稿しました。ところが、この学術誌で論文の審査員を務めていたのが、なんとアインシュタインでした。アインシュタインは審査レポートに「彼の

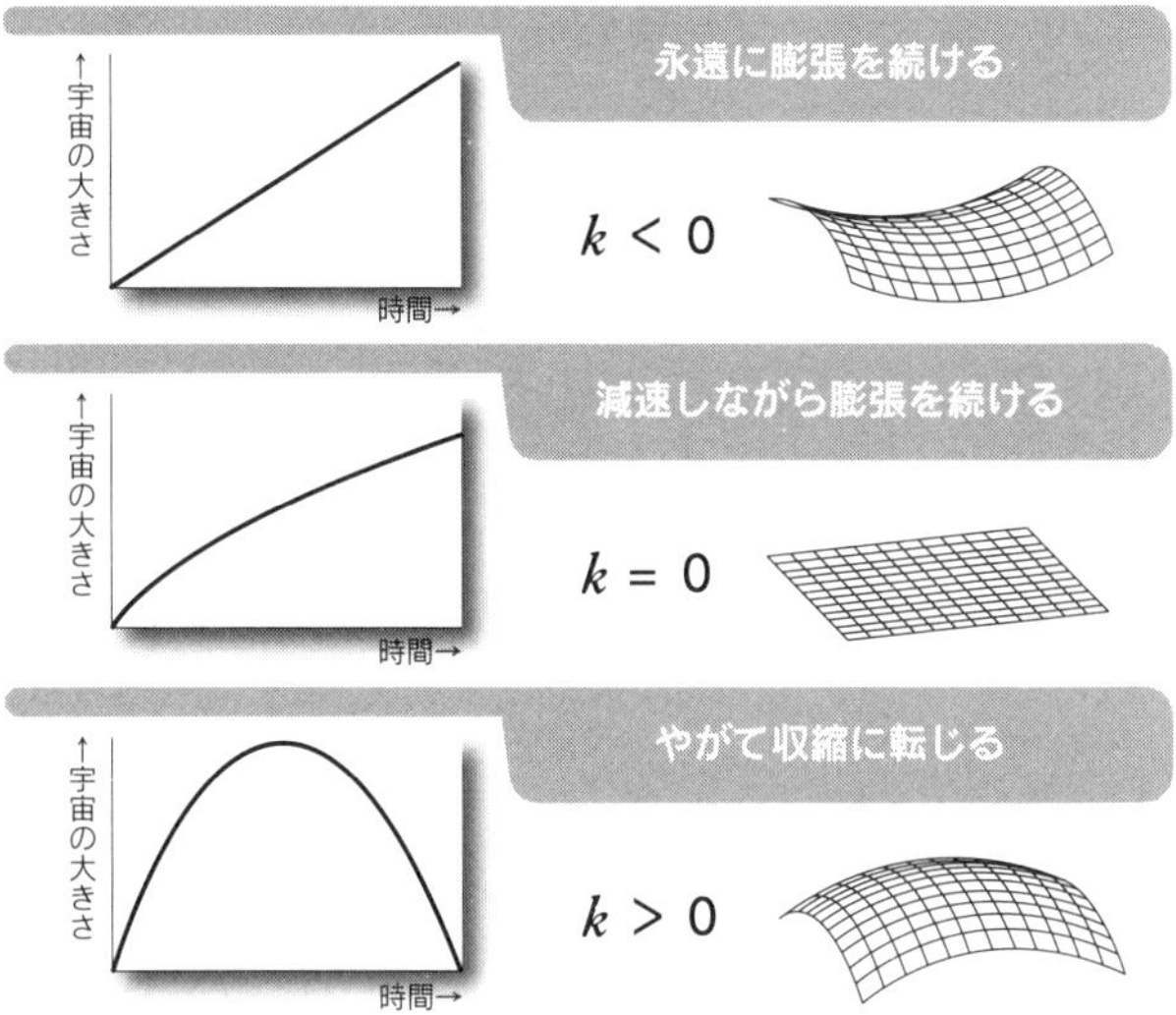

図1—10　フリードマンの宇宙モデル。曲率によって宇宙の膨張は3通りに分かれる

計算結果はおかしい。自分が計算してみたら静止モデルになった」ということを記し、そのため、フリードマンの論文は掲載されませんでした。しかし、のちにフリードマンの友人がドイツに赴いてアインシュタインに会い、フリードマンの考えについて説明しました。それでアインシュタイン自身も宇宙が膨張していることを数式の上では正しいと認め、1922年、フリードマンの論文は掲載された、という話です。

しかし、ではアインシュタインが宇宙が膨張することを本当に認めたのかといえば、そうではなかったのです。

1927年に、ジョルジュ・ルメートル（1894〜1966）というベルギーの神父さんが、アインシュタインが宇宙定数を加えた式を使って、宇宙が膨張するモデルを発表しました。その後、ルメートルはソルベー会議という物理学の有名な会議に出てアインシュタインと顔が合い、「私は宇宙が膨張する解を出しました」と伝えたところ、アインシュタインに「あなたの計算は正しいが、宇宙が膨張するなどという解を出して平気なのか。あなたの物理のセンスは忌まわしい」と返されたそうです。

アインシュタインは天才ではありましたが、このように、思い込みによって当時の世界の常識を逸脱できないところもありました。確かに当時の考え方では、宇宙が膨張するというのはクレイジーなことでした。しかし、自分自身が創った方程式は、それを予言していました。にもかかわらず、アインシュタインは宇宙が膨張するということを認めなかったのです。

歴史的には、宇宙の膨張が発見されるのは1929年のことです。前述したハッブルが、もっとも近い銀河であるアンドロメダ銀河をはじめ、多くの銀河を観測したところ、遠くの銀河ほど、より速く遠ざかっていることを発見したのです。

そのことは、図1—11のように説明できます。A、B、Cという3つの銀河が等間隔で並んでいるとします。AとB、BとCの距離をそれぞれ1とします。AとCの距離は1＋1＝2です。宇宙が膨張して、それぞれの間の距離が2倍になると、Aから見てBとの距離は2になりますから、2−1＝1だけ遠ざかったことになります。ところが、Bより遠くにあるCは、Aとの距離

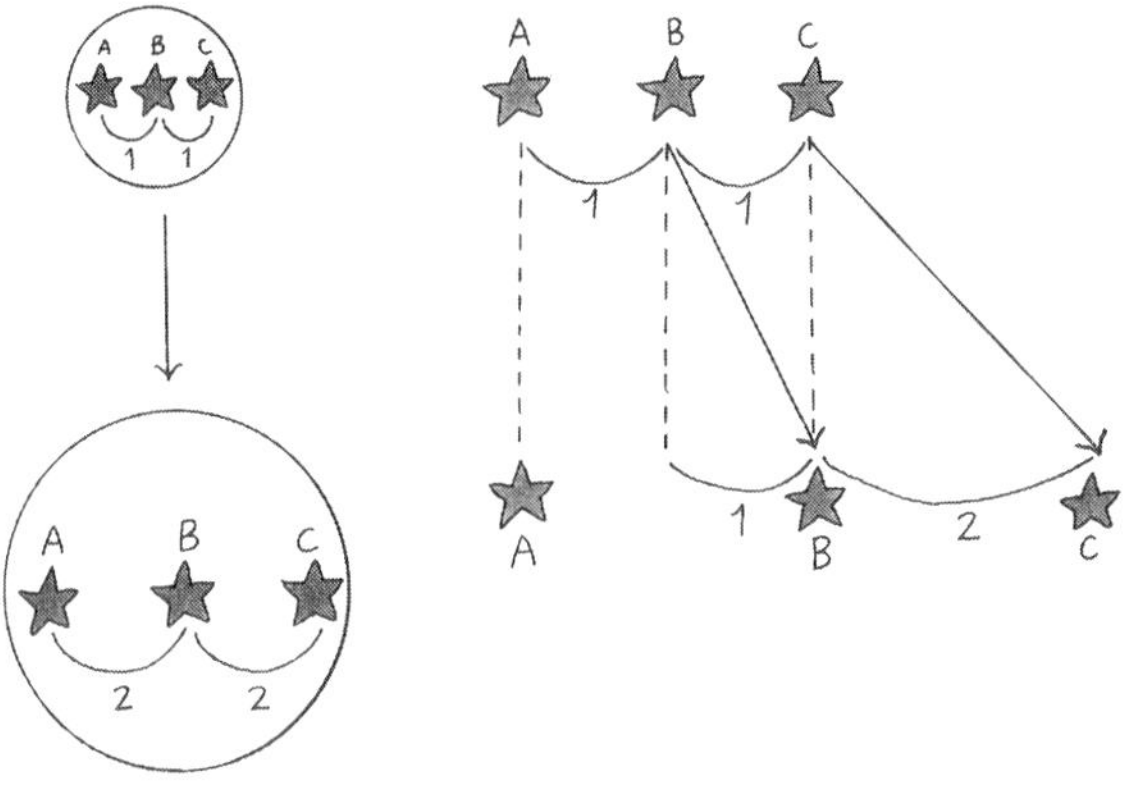

図1—11　遠くの銀河ほど、速く遠ざかる

が4になりますので、4－2＝2も遠ざかっているのです。同じ時間に、より長い距離を遠ざかるということは、つまり速く遠ざかっているということです。

私たちの天の川銀河をAとすれば、私たちがあたかも宇宙の「嫌われ者」であるかのように、BやCなどのまわりの銀河はどれも遠ざかっています。しかし、それは私たちの銀河だけではなく、BやCも同じように「嫌われ者」の立場にあるのです。そしてハッブルは、自分にとって遠方の銀河ほど、より速い速度で遠ざかっていることを1929年に発見し、宇宙が膨張していることに気づいたのです。

この宇宙膨張が発見された時点から、われわれの宇宙には「はじまり」があったのではないかと考えられるようになりました。つまり、宇宙の膨張を、時間の流れをさかのぼって元に戻すと、最初は小さな一つの点だったのではないかと考えられるようになったのです。

ハッブル以後も、宇宙膨張の観測は進歩しました。宇宙の膨張速度（ハッブル定数）を正確に観測するのはとても難しいことでしたが、これは１９９０年にハッブルの名を冠して打ち上げられたハッブル宇宙望遠鏡によって実現されました。ハッブル宇宙望遠鏡はたくさんの天体の映像を撮っていて、その美しい画像はカレンダーなどにも使われていますが、本来のおもなミッションは、宇宙の膨張速度を観測して、そこから逆算して宇宙が何年前に誕生したかを測定することだったのです。

ハッブル宇宙望遠鏡によってハッブル定数が求められ、そこから宇宙の年齢がおよそ１４０億歳であることがわかったのは、20世紀も終わりに近づいた１９９８年のことでした。

少し話が長くなってしまいましたが、アインシュタインが宇宙定数を入れることでつくろうとした「永遠不変の宇宙」のモデルは、このようにハッブルの観測によって完全に否定されてしまったのです。そのためアインシュタインはのちに「宇宙定数を入れたことは人生最大の失敗だった」と大いに悔やんだといわれています。

しかし、歴史の皮肉とでも言いましょうか。アインシュタインが「人生最大の失敗」と切り捨てた宇宙定数は、実は間違いではなかったことが、のちにわかってきたのです。

いまはくわしくは述べませんが、現在では宇宙は「加速膨張」していることがわかっていて、このことから宇宙定数は「ある」ということになっているのです。しかも、宇宙のはじまりにおいても宇宙定数は大きな役割を担っていたことがわかってきています。宇宙定数の導入は最大の失敗どころか、アインシュタインの最大の成果だったとさえ現在では考えられているのです。

ガモフの「火の玉理論」からビッグバン理論へ

ここで宇宙定数のことはひとまず忘れて、話を戻しましょう。

フリードマンの研究成果によって、アインシュタインの方程式を素直に計算すれば、ハッブルの発見にも合致する宇宙のモデルができることがわかりました。それは、つねに膨張を続けているという宇宙像でした。

このことはとりもなおさず、時間を逆戻りさせれば、宇宙のはじまりは小さな点にすぎなかったと考えられることを意味していました。さらにそれは、「小さな点だった宇宙はなぜ膨張を始めたのか？」という新たな疑問のはじまりでもありました。

そのようなとき、ジョージ・ガモフ（１９０４～１９６８）が、宇宙のはじまりの小さな点は、ただの点ではなく、きわめて高温の「火の玉」であったということを初めて提唱したのです。

ここでひとつ注意をしておきたいのは、ビッグバン理論を少しご存じの方のなかに、ちょっとした誤解があることです。それは、アインシュタイン方程式を解いて、宇宙が膨張していることを初めて説いたフリードマンが「宇宙は火の玉として生まれたために、爆発して、急激に膨張した」と考えた、というものです。しかし、これは間違いです。フリードマンは、宇宙が火の玉だったと考えたわけではありません。

そもそもフリードマンは宇宙の温度を絶対温度で0K《ケルビン》という低温に設定したうえで方程式を計算しています。初期の宇宙が火の玉だったことで、宇宙が膨張したことを説明しようとしたわけではありませんでした。

「宇宙は火の玉から始まった」と考えたのは、そのあとに登場するガモフでした。ではガモフはなぜ、そのようなことを思いついたのでしょうか。それは、宇宙にある元素の起源を考えたからです。ガモフという人は、いまの言葉でいえば原子核物理学者でした。彼とその弟子たちは、元素の起源を研究していくなかで、われわれの体を構成している炭素や酸素など、宇宙にある多様な元素は、宇宙が生まれたときに核融合反応が起こってつくられたという理論を考えたのです。そのためには、宇宙が非常に高温の火の玉でなければなりません。つまり元素の起源を説明するためには、宇宙が火の玉であるとうまくいく、とガモフらは考えたのです。

現在では元素の起源についてのガモフの理論は、残念ながら否定されています。初期の高温の宇宙では、ヘリウムやリチウムといったごく軽い元素は合成されますが、それ以外の元素については、太陽のような恒星の中で合成されたということがわかってきています。

しかしガモフとその弟子たちが偉いのは、宇宙が火の玉で始まったことを、なんらかの観測によって証拠を探し出して、証明しようと考えたことです。そして彼らは、宇宙が火の玉であったならば、その頃にはものすごい光が満ちあふれていたはずだから、その「名残り」がいまでも見える（観測できる）のではないかと考えました。宇宙が始まった当時は非常にエネルギーが高く波長が短かった光が、宇宙の膨張によって引き伸ばされ、マイクロ波の電波として見えるはずだと予言したのです。

実際、その予言通りにマイクロ波の電波は１９６４年に発見されました。この「マイクロ波背景放射」の発見によって、アーノ・ペンジアス（１９３３～）とロバート・Ｗ・ウィルソン（１９３６～）は１９７８年のノーベル賞を受賞しています。宇宙のはじまりが火の玉だったというガモフの予言は、観測によってみごとに証明されたのです。

ガモフはこの発見を聞いたとき、ペンジアスとウィルソンに手紙を書き、その功績をたたえました。しかし、彼らがノーベル賞を受賞したときには、すでにこの世を去っていました。生きていればガモフも、ノーベル賞を受けることができたかもしれません。

地上で確かめられた物理学の法則だけを使って、はるか昔の宇宙のはじまりについて予言した

「宇宙は膨張しているに違いない！」
1888〜1925
フリードマン
1904〜1968
ガモフ
「宇宙は火の玉から始まったはずだ！」
物理学の偉大なる勝利!!

図1—12　理論的に計算された予言は、観測によって証明された

ら、本当にその予言通りだった——。このことはつまり、物理学というものが地上の現象だけを説明するものではなく、宇宙全体を支配するような法則についての学問だということです。これは物理学の輝かしい勝利であり、私も物理学者の一人として非常に誇らしく思っています。

このマイクロ波背景放射の測定では、のちにジョン・C・マザー（1946〜）が「COBE《コービー》(Cosmic Background Explorer)」と呼ばれる人工衛星を使って、マイクロ波の電波を波長ごとに細かく分け、その強さをきわめて正確に観測したことも大きく貢献しました（↓88ページ）。この観測で得られた宇宙全体における電波のスペクトルの分布は、理論的に計算された予言と完全に一致し、マザーもこの功績でノーベル賞を受賞しています。

こうして、初期宇宙が火の玉だったという理論は、観測からも支持されたのです。この「火の玉宇宙」の理論が、現在では「ビッグバン理論」と呼ばれているものです。この名称は、定常宇宙理論（宇宙の基本的な姿は変化しない）を支持していた天文学者でありSF作家のフレッド・ホイル（1915～2001）が、宇宙が火の玉となって爆発するという理論を皮肉を込めて「ビッグバン」と呼んだことがきっかけでついたものです。

このようにして、ビッグバンモデルは宇宙の創生を記述する理論として完成していきました。

――なぜなのかはわからないけれども、宇宙は火の玉として生まれた。そして、膨張していくなかで次第に温度が下がり、ガスが固まって星が生まれ、銀河や銀河団が形成され、現在のような多様で美しい宇宙がつくられた――。

これが、ビッグバン理論の概要です。

では、この理論で宇宙のはじまりの姿は完全に再現されるのでしょうか。実はビッグバン理論を細かく見ていくと、いろいろと疑問が生じてくる点があるのです。それらの疑問を解いていく過程で、これから紹介するインフレーション理論という考え方が生まれてきたのです。

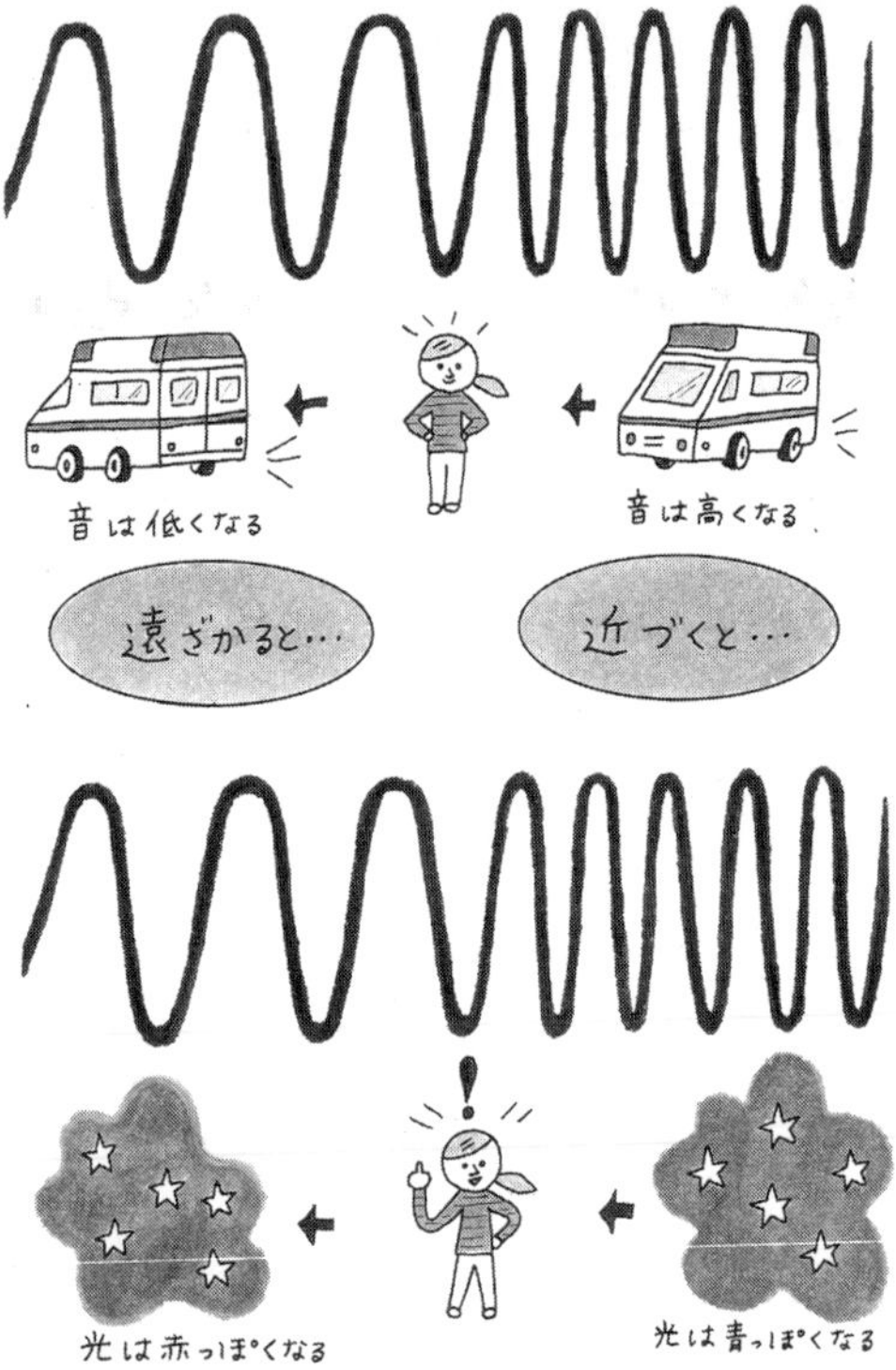

↑音も光も、波の性質を持っているのでドップラー効果が起きる

本当の色がわかるの？」という疑問を持たれるでしょう。

ハッブルが観測したのは、ケファイド変光星と呼ばれるタイプの特殊な星でした。変光星とは明るさが変化する星ですが、ケファイド変光星は、明るさが変わる周期と、絶対等級（その星の本当の明るさ）の間に一定の関係があり、その星の本当の明るさ（色）を知ることができるのです。いわば宇宙における「光の定規」のようなものです。ハッブルはケファイド変光星を丹念に観測することで、本当の明るさと、見かけの明るさとの違いに気づき、宇宙が膨張していることを発見したのです。

コラム① 赤方偏移

ハッブルはどうして宇宙が膨張していることがわかったのですか？

光のドップラー効果である赤方偏移から、星が遠ざかっていることを見つけたのです。

みなさんは、救急車やパトカーが鳴らすサイレンの音が、近づいてくるときに高くなり、遠ざかるときに低くなるドップラー効果はご存じでしょう。これは音が空気を振動しながら伝わる「波」だから起こる現象です。音の高さは、波の振動数によって変わります。同じ距離を伝わる波でも、波長が短いと振動数が多くなり、音は高く聞こえます。波長が長いと振動数が少なくなり、音は低く聞こえます。サイレンなどの音源が近づいてくると、観測者と音源の間の距離が縮まるため波長が短くなり、振動数が多くなるので、音が高く聞こえるわけです。逆に音源が遠ざかれば、波長は長くなり、音は低く聞こえます。

これと同じことが、光でも起こります。光も波の性質を持っているからです。光源が観測者に近づいていれば、実際の光より波長は短くなり、遠ざかれば波長は長くなります。そして可視光（人間の目に見える光）では、波長が短いほど見かけの色は本来の色より青色方向に近づき、長いほど赤色方向に近づきます。この赤く見える現象を「赤方偏移」といいます。

ハッブルは望遠鏡で星を見ていて、遠くのほうの星ほど、本来の色よりも赤くなっていることに気づきました。これは星たちが、遠くの星ほど速いスピードで遠ざかっていることを意味しています。ハッブルはその理由を考え、宇宙は膨張しているという結論に達したのです。

こう説明するとみなさんは「なぜハッブルは観測した星の

第2章 インフレーション理論の誕生

2

思い上がりだと言われるかもしれませんが、物理学者は神の力を借りずに物理法則だけで宇宙の創造を語りたいと考えるものです。しかし、ビッグバン理論だけでは、それはできないのです。

（本文より）

ビッグバン理論が解けない難問

ビッグバン理論は、現実の観測によって傍証が示されました。そのことは確かなのですが、実はこの理論には、原理的に困難な問題がいくつかあるのです。この章ではまず、そのことを見ていきます。

まず一つには、宇宙が「特異点」から始まったと考えざるをえないことです。特異点とは、物理学の法則が破綻する「密度が無限大」「温度が無限大」の点のことです。宇宙が膨張しているということは、その時間を逆にたどっていくと、宇宙はどんどん小さくなって、エネルギー密度はどんどん高くなっていきます。そして宇宙のはじまりが点であったならば、ついにエネルギー密度は無限大になってしまうのです。

つまり、宇宙のはじまりは物理学が破綻した点だったと考えざるをえないのです。キリスト教世界では「神の一撃」といわれますが、そういう物理学を超越した概念を持ってこなければ、宇宙が始まらないということです。思い上がりだと言われるかもしれませんが、物理学者は神の力を借りずに物理法則だけで宇宙の創造を語りたいと考えるものです。しかし、ビッグバン理論だけでは、それはできないのです。

二つめは、ビッグバン理論は、宇宙はなぜ火の玉になったのかについては、何も答えていないことです。初期の宇宙が火の玉になる理由は何も説明していないのです。これでは、宇宙のはじまりについて説明していることにはならないともいえます。

また、ビッグバン理論では現在の宇宙構造の起源を説明できないという問題もあります。宇宙の大きさが非常に小さかったときに、その中に「密度ゆらぎ」といわれる小さな濃淡のムラがあったことで、のちに濃度の濃いところを中心にガスが固まり、星や銀河、銀河団といった構造ができたと考えられています。しかし、ビッグバン理論では非常に小さな「ゆらぎ」しかつくれず、宇宙の初期に、銀河や銀河団のタネになるような濃淡をつくることが理論的に難しいのです。

それから、この問題と裏表の話になりますが、宇宙の構造は遠いところまですべて一様なのはなぜかという問題があります。たとえば私たちの住む銀河から100億光年離れたところにある銀河と、その銀河とは反対方向に100億光年離れたところにある銀河とは、宇宙のはじまりから現在まで一度も因果関係を持ったことはありません。因果関係を持たない領域どうしが、言い換えれば、これまでまったく関わりを持たず相談もできないような遠方の領域が、同じような構造をしているのはなぜなのかという問題です。これを「一様性問題」といいますが、この問題に対して、ビッグバン理論は答えることができません。

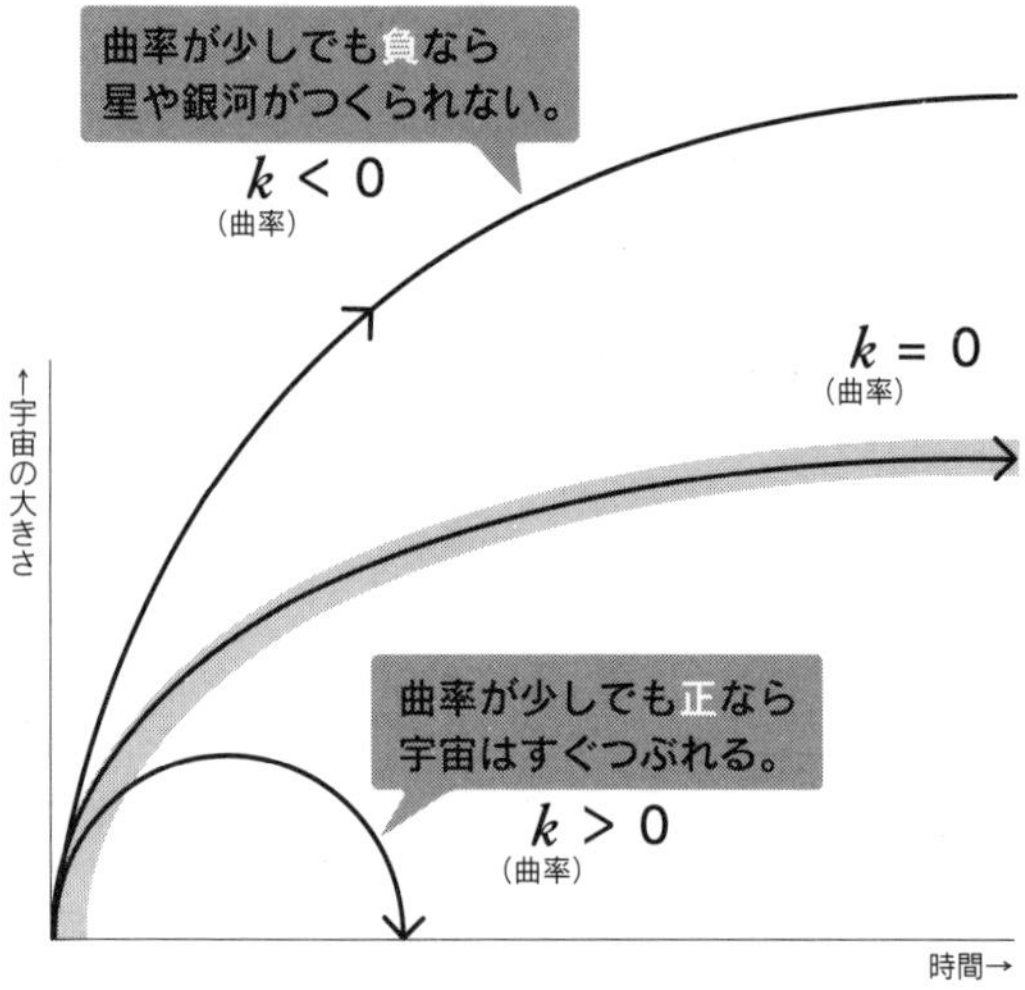

図2―1　平坦性問題

さらに、宇宙は膨張を続けているわけですが、観測によるかぎり、われわれの宇宙はほとんど曲がっていません（曲率がゼロに近い）。ユークリッド幾何学が成り立つような平坦な宇宙です。しかし、平坦なまま大きく膨張させることは、数学的には非常に困難なのです。これはプリンストン大学のロバート・ディッケ（1916～1997）が指摘した問題で、「平坦性問題」といわれています。これにもビッグバン理論は答えることができません。

このことを簡単に説明しましょう。最初に、神様が「宇宙」という名のロケットを打ち上げると考えてみます。このロケットは、曲率が正か負かによって飛翔《ひしょう》（＝膨張）のしかたが変わってきます。神様が宇

図２―２　ビッグバン理論の原理的困難

宙を打ち上げる力が少しでも弱い（曲率が正）と、加速度が足りず、宇宙は十分に飛翔せずに重力で落下してつぶれてしまいます。宇宙は短命となるため、私たちのような生命は誕生できません。逆に神様の力が少しでも強すぎる（曲率が負）と、非常に速い飛翔をしてしまい、ガスは一様に希薄になってしまうので、ガスが固まって天体を構成することができません。もちろん、生命は存在できません（図２―１）。

私たちが宇宙に存在するためには、神様が打ち上げの速度をきわめて精密に調整して、打ち上げから１４０億年近くたった現在でも曲率がほぼゼロという平坦な宇宙になるように設定しなければなりません。ほんの少しでも力が強かったり、弱かったりすると、現在の私たちは存在できないのです。そのためには打ち上げの速度（＝膨張速度）を、なんと100桁という精度で微調整しなければなりません。

しかも、物理学には量子的な「ゆらぎ」、いわゆる「量子ゆらぎ」というものがあってつねに微小な振動をしているため、このような精度を確保することはきわめて難しいのです。「神様の手」さえも量子的にゆらいでいるため、曲率がほぼゼロになるよう（宇宙が平坦になるよう）、膨張速度を微調整することは至難の業《わざ》なのです。これが「平坦性問題」です。

これらが、ビッグバン理論の原理的な困難です（図2―2）。そして、こうした問題に物理学の言葉で答えるのが、1981年に私やアラン・グース（1947〜）らが提唱したインフレーション理論なのです。

枝分かれした「四つの力」

ではこれから、インフレーション理論がどのように生まれたのかを見ていきましょう。

私がこの理論を考えたきっかけには、素粒子についての理論である「力の統一理論」がありました。そこで、まずは力の統一理論について簡単に説明しましょう。ここからの話は少し難しくなります。これまでいろいろな宇宙論の本を読んできた読者のみなさんにも、この力の統一理論の話になると急に難しくなって挫折してしまったという方が多いかもしれません。この本ではそういうことがないよう、できるだけやさしくお話ししていくつもりです。

さて、私たちの世界に存在する物質が加速運動しているとき、そこにはつねに、力が働いています。すべての力は基本的に、四つに分類されると考えられています。これらの力のことを「四つの力」といいます（↓81ページのコラム）。

その四つの力とは、万有引力として知られる「重力」、電気や磁石の力である「電磁気力」、原子核の中で働いている「弱い力」と、「強い力」です。弱い力、強い力とは、原子核の中で働いている二つの力のうち弱いほうの力、強いほうの力という意味で、現在では固有名詞になっています。このうち強い力は、湯川秀樹先生（１９０７～１９８１）が見つけた、中性子と陽子を結びつける力で、原爆や水爆のエネルギーを出す力でもあります。弱い力というのは、中性子が電子（ベータ粒子）と反電子ニュートリノを放出して陽子になったりする、「ベータ崩壊」という変化を導く力です。

それぞれ別々のふるまいをするように見えるこれら四つの力を統一して、一つの力の法則にしようというのが、力の統一理論という考え方です。たとえば、ジェームズ・マクスウェル（１８３１～１８７９）は１８６４年にマクスウェル方程式を導き出し、それまでは別の力と考えられていた電気の力と磁気の力が同じ一つの力であることを示しました。同じ力であるということは、同じ理論で説明できるということです。このようにして、いずれは四つの力をすべて一つの理論で説明することができるのではないか、という考え方なのです。アインシュタインは晩年、プリンストン大学で、力の統一理論の走りというべき統一場（電磁気力と重力の統一理論）の研究に、一生懸命に取り組んでいました。彼が成功しなかったために、この理論は「アインシュタインの夢」ともいわれています。

しかし、1967年に、アインシュタインの夢を実現する一つの理論が生まれてきました。それが、アメリカのスティーヴン・ワインバーグ（1933〜）とパキスタンのアブドゥス・サラム（1926〜1996）による、ワインバーグ＝サラム理論です。この理論によって、電磁気力と弱い力が統一されました。そのため、この理論は電弱統一理論、あるいは単純に統一理論とも呼ばれます。

さらに、その後、完全に完成した理論ではありませんが、重力を除く三つの力を統一した、大統一理論も現れました。これらの理論によって、現在、四つに分かれて存在している力は、元は一つの力であり、「宇宙誕生直後に枝分かれした」と考えられるようになってきたのです。

たとえば、電磁気力と弱い力は、絶対温度で1000兆Kという高温（＝高エネルギー）状態を設定すれば、同様のふるまいをします。この電磁気力と弱い力に強い力を加えた三つの力は、さらに高エネルギーの10の28乗Kという状態を作り出せば、同じふるまいをするのです。

とすれば、私たちの世界にある四つの力は、宇宙誕生直後の高温（＝高エネルギー）状態では、実は一つのものだったのではないか、それが宇宙の温度低下とともに枝分かれをしていったのではないか、ということが、四つの力を理論的に統一する研究を通して考えられるようになりました。

宇宙が誕生すると、10のマイナス44乗秒後という、時計では計れないような非常に短い時間の頃に、まず重力が、他の三つの力と分かれました。10のマイナス36乗秒後には、湯川先生が発見された強い力が枝分かれしました。そして10のマイナス11乗秒後には、電磁気力と弱い力が分かれたのです。

このように、宇宙誕生直後に次々と力が分かれて、現在のような四つの力が揃ったという描像が、力の統一理論から考えられるようになりました。

言ってみれば、類人猿が進化して人間が生まれてくる過程で、チンパンジーやオランウータンに枝分かれをしたように、重力、強い力、そして電磁気力と弱い力が分かれてきたということです。言い換えれば、人間が過去に逆戻りするとチンパンジーやオランウータンと一緒になるように、四つの力も最初は一つのものだったのではないか。そう予言したのがこの理論でした。

こうした進化がなぜ起こるのかを考えるとき、生命の場合では突然変異と自然選択という進化の理論によって説明がなされます、では、力の進化（＝力の枝分かれ）は、なぜ起こるのでしょうか。

力の統一理論では、これは「真空の相転移」によって起こるとしています。相転移とは、水が氷になるように、物質の性質（相）が変わることです。あらかじめ簡単に言っておきますと、宇宙の初期に温度が急激に下がったことで「真空の相転移」が起こり、真空の空間自体の性質が変わりました。すると、真空での力の伝わり方も変わったのです。そのような相転移が次々に起こり、そのたびに、重力が枝分かれし、強い力が枝分かれし、電磁気力と弱い力が枝分かれをしていったというのです。

「真空の相転移」とは何か

普通、真空とは何もない空っぽの状態と考えられています。その「真空」が、水が氷になるような相転移を起こすとはどういうことだろう？ と、みなさんは不思議に思われるでしょう。目に見えない微小な現象を説明する量子論の考え方で言えば、実は真空というのは真の空っぽの状態ではありません。よくよく見てみると、その空間では粒子と反粒子がペアで生まれては合体して消滅する、対《つい》生成・対《つい》消滅というものを繰り返しているのです（図2―3）。

たとえば電子という素粒子には、陽電子という反粒子があります。医学ではこの陽電子を使っ

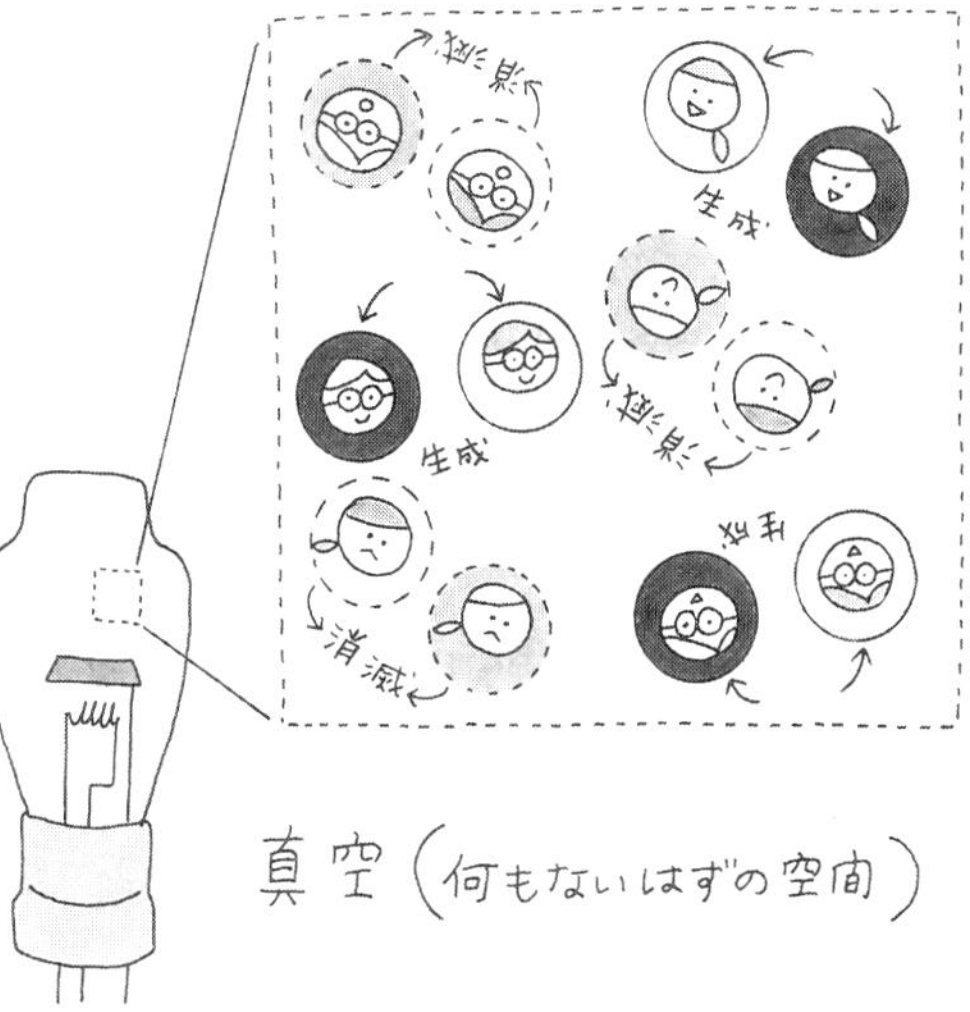

図2—3　真空にも物理的な実体がある

たPET（陽電子放射断層撮影）という機器が作られています。この陽電子と電子も一つになると完全に消滅し、二つのγ《ガンマ》線を放出します。

　このように、粒子はペアで生まれたり消滅したりしているのです。真空の空間とは、本当に何もない空っぽの空間なのではなく、ただエネルギー的にいちばん低い基底状態を「真空」と呼んでいるだけなのです。つまり、真空にも物理的な実体があるということになります。

　とすれば、真空が相転移を起こしても不思議なことではありません。

　このことを最初に理論化したのが南部陽一郎先生（1921〜）で、2008年にノーベル賞を受賞しました。ノーベル物理学賞では、たとえば新しい粒子を発見したというような、何かを発見したという受賞理由は多くありますが、南部先生の受賞は具体的なものを発見したというのではなく、きわめて基礎的な、物理学全体に関わるような理論を構築したことによるのです。

先に述べた、力の統一理論の最初の理論であるワインバーグ＝サラム理論は1979年にノーベル賞を受賞しましたが、これも南部先生の理論がもとになっています。真空の相転移という考え方が、電磁気力と弱い力を統一する電弱統一理論を生み出したわけです。

さて、ではここで「真空の相転移」とはどういうことかを説明しましょう。少し難しいかもしれませんので、焦らずにゆっくり読んでください。

まず、相転移とは、ものの性質が温度の変化によってがらりと変わってしまうことです。さきほども少しお話ししましたが、水は温度が下がることによって氷に変わりますね。これが相転移です（図2―4）。水の状態では分子は特別な方向性を持たず、どの方向にでも自由に動き回っていますが、氷になると、格子状の結晶となって、ある一定の方向性を持ちます。こうした「方向性」を持つことは、「対称性」を失ってしまうことでもあり、物理学では「対称性の破れ」と呼ばれます。

また、水が氷に変化する相転移では、対称性の破れが生じるとともに「潜熱」という熱が生じます。氷ができるのに熱が発生するとは不思議に思われるかもしれませんが、これもインフレー

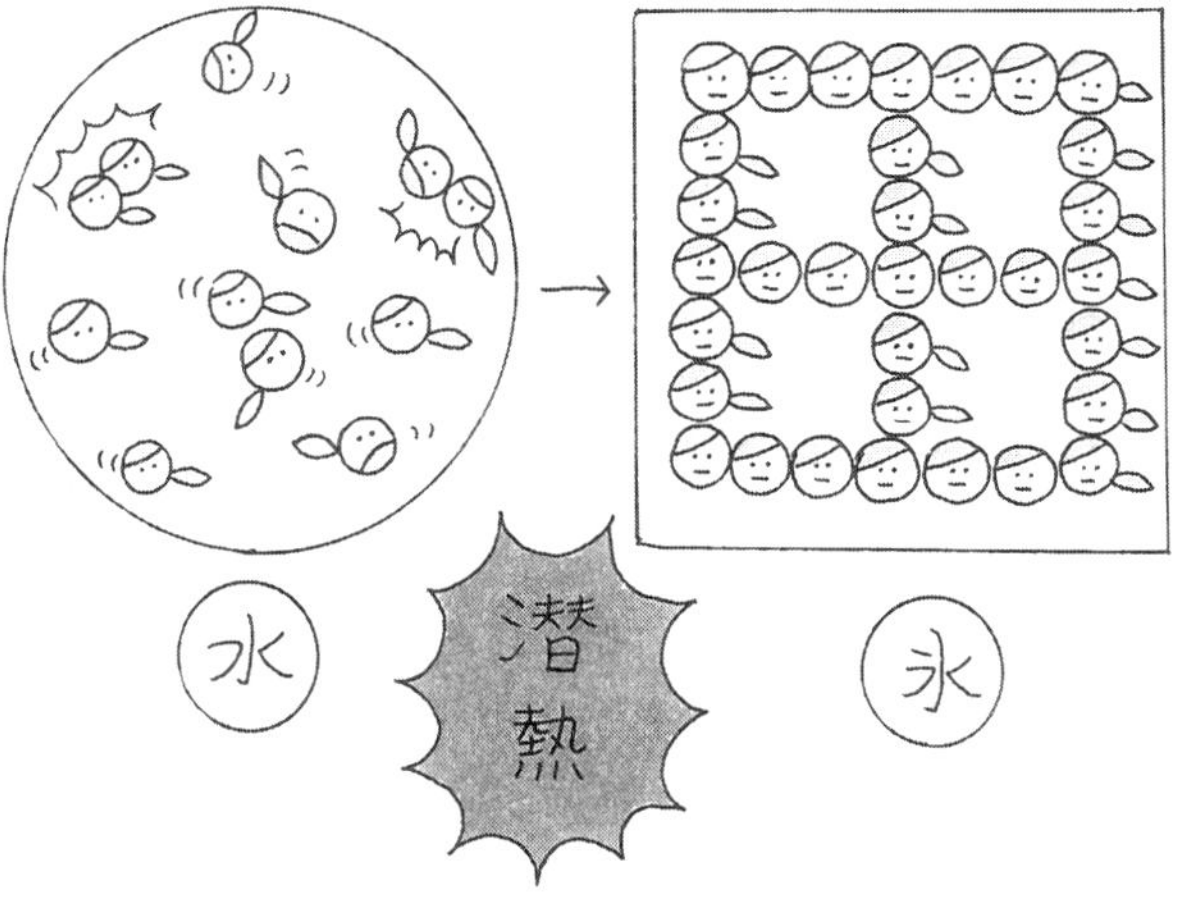

図2—4　水から氷への相転移

ション理論では重要なことなので、あとでくわしくお話しします。

相転移のわかりやすい例としてよくあげられるのは、物質が常伝導から超伝導になる現象です。たとえばニオブという金属がありますが、これは温度をどんどん下げていき、絶対温度9・2Kになったとき、電気抵抗がゼロになります。これが「超伝導」という現象で、温度を下げることによってエネルギーがいちばん低い状態になると、ニオブという金属の性質が、がらりと変わってしまうのです。

もともと金属で起こるこうした超伝導相転移という現象を、真空の空間に置きかえて考えたのが、南部先生の理論と言ってよいかもしれません。

困りもののモノポール

若い頃にこうした考えにふれた私は、「力の枝分かれや真空の相転移が起こると、宇宙論的に何か観測が可能な、新たなことが予言できるのではないだろうか」と考え、これは大変に夢のある話だと思いました。ところがすぐに、真空の相転移というものは、むしろ非常に困った悪さをすることに気づきました。真空の相転移によって、観測の予測どころか、むしろ観測との矛盾が生じてしまうことがわかったのです。

それは、モノポール（磁気単極子）というものが理論上、宇宙の中にたくさんできることになってしまうという問題です。

私たちは、粒子には電気的に、プラスの粒子とマイナスの粒子があることを知っています。たとえば原子の中では、プラスの電荷を持った陽子のまわりを、マイナスの電荷を持った電子が回っています。しかし、磁気の場合には、N極とS極はつねにセットで存在していて、それぞれが単独でN極粒子、S極粒子というように存在している例を私たちは見たことがありません。たとえば、N極とS極からなる磁石をどんなに細かくしていっても、磁石は必ずNとSの両極を持っているのです（図2―5）。

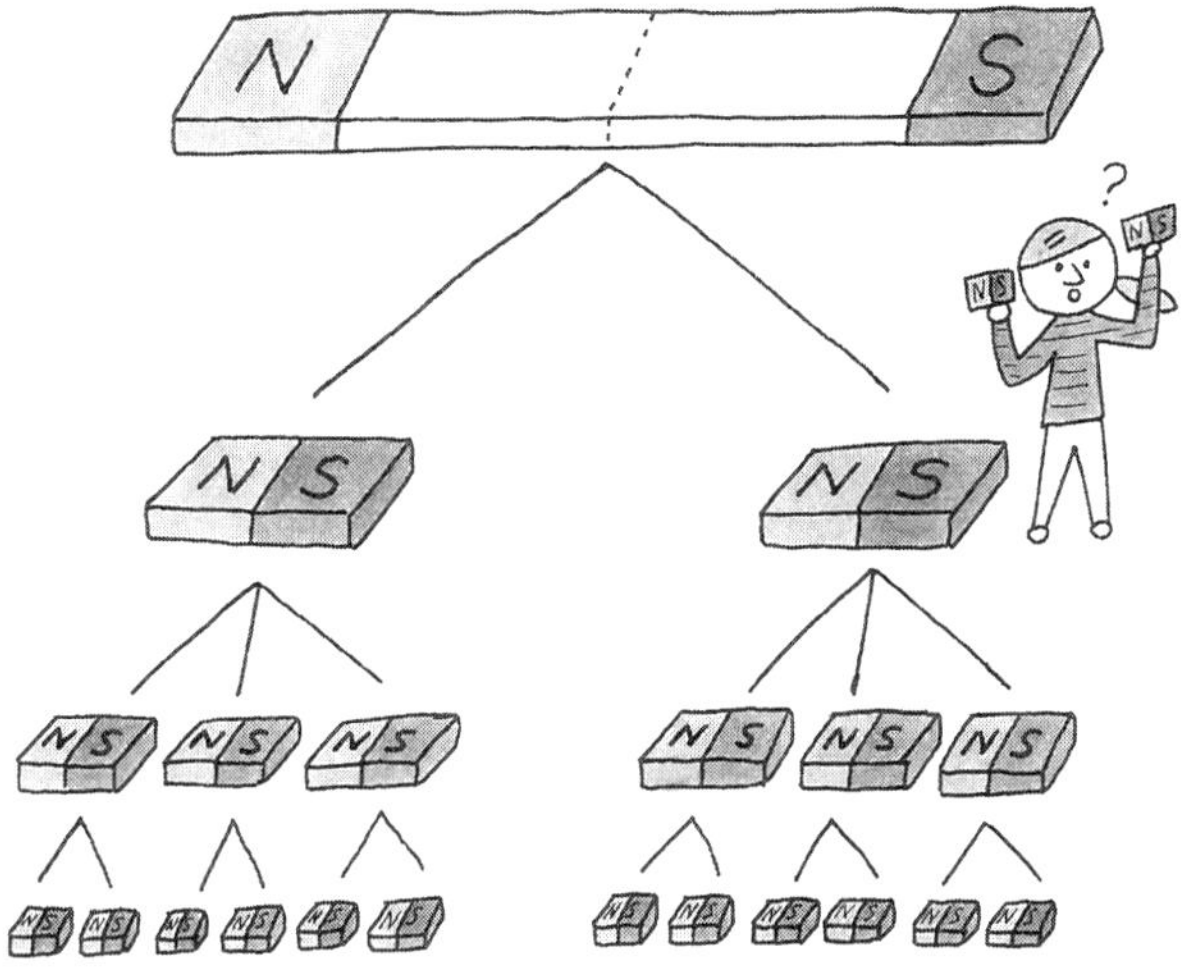

図2－5　深刻な問題。現実の宇宙にモノポールは見つからない

ところが、真空の相転移が急速に起こると、理論上は、N極とS極が単独で存在するモノポールが発生することになってしまうのです。

たとえるなら、金属が冷えるときに、一様にゆっくり冷えないと結晶がきれいに揃った形にならず、ところどころに欠陥状態が起こります。その欠陥に対応するものがモノポールなのですが、少なくとも、これまでの観測では見つかっていません。ところが、重力が枝分かれしたあとの2番目の相転移（強い力と電磁気力が分岐する）のときに、理論上ではこのモノポールがたくさんできてしまうのです。これは明らかに現実と矛盾します。

このことは、つまるところ力の統一理論

から導かれる宇宙像と、現実の観測によって正しいとされているビッグバン理論が描く宇宙像とが矛盾してしまうことを意味しているのです。これでは、ビッグバン理論がつぶれるか、力の統一理論がつぶれるかのどちらかになってしまいます。

実はインフレーション理論とは、最初はこの矛盾を解決するために考えられたものでした。少なくともこの理論を創った私自身には、そのような意識がありました。

これがインフレーション理論だ

では、私が1981年に考え出した、元祖インフレーション理論を説明していきましょう。

宇宙の誕生直後、四つの力がそれぞれ、真空の相転移によって枝分かれをしたことはお話ししました。実は、これらの相転移のうち、2番目に起きた相転移によって強い力と電磁気力が枝分かれをするときに、まさに水が氷になるのと同様の現象が起きることがわかったのです。

水から氷に相転移するとき、エネルギーは高い状態から低い状態になります。これは秩序がない状態からある状態に変わるからです。水はH_2O分子がランダムに動く秩序のない状態ですが、氷になって分子が結晶格子を組むと、秩序がある状態になります。そして水が氷に相転移するときには、333・5J／gの潜熱が生まれます。これは、秩序が「ない」状態よりも、秩序が

「ある」状態のほうがエネルギーが低くなるため、その落差が熱として出てくるわけです。

宇宙は誕生したとき、水と似たような秩序のない状態でした。そして、空っぽのようで実は物理的な実体を持つ真空の空間自体が、実はエネルギーを持っていたのです。このエネルギーのことを「真空のエネルギー」といいます。繰り返しますが生まれたての宇宙は秩序のない状態ですから「真空のエネルギー」は高い状態にありました。

ところで、生まれたての宇宙空間自体にこのようなエネルギーがあるのならば、空間と時間についての方程式であるアインシュタイン方程式にも当然、普通の物質のエネルギーとともに、この真空のエネルギーも代入して計算しなければならないはずです。

そう考えて私が実際に計算してみたところ、この真空のエネルギーは互いに押し合う力として働くということがわかりました。物質のエネルギーのように互いに引き合う力（引力）とは違い、互いに押し合い、空間を押し広げようとする力（斥力）として働くのです。そして、生まれたての宇宙は、この真空のエネルギーの力によって急激な加速膨張をすることが、すぐに計算できたのです。この膨張を私は「指数関数的膨張」と呼び、グースは「インフレーション」と呼んだのです。「指数関数的」の意味はあとで説明します。

さて、真空のエネルギーが空間を急激に押し広げると、宇宙の温度は急激に下がり、真空の相転移が起こります。このとき、まさに水が氷になるときに潜熱が発生するのと同じように、落差のエネルギーは熱のエネルギーとなります。真空のエネルギーが、熱のエネルギーに変わるということです。しかも、水ならば周辺の空間に熱を奪われることで氷になりますが、宇宙空間ではその潜熱が空間内に出てくるため、宇宙全体が火の玉になるほどのエネルギーになるのです。

こうしたことを考え合わせると、次のような宇宙初期のシナリオが描き出されてきました。

宇宙は、真空のエネルギーが高い状態で誕生しました。その直後、10のマイナス44乗秒後に、最初の相転移によって重力がほかの三つの力と枝分かれをします。いわゆる「インフレーション」は、そのあと10のマイナス36乗秒後頃、強い力が残りの二つの力と枝分かれをする相転移のときに起こりました。真空のエネルギーによって急激な加速膨張が起こり、10のマイナス35乗秒からマイナス34乗秒というほんのわずかな時間で、宇宙は急激に大きくなりました。その規模は、10の43乗倍とされています。想像することが難しいと思いますが、そのような膨張が起きれば、1ナノメートル（1mの10億分の1）ほどの宇宙でも、私たちの宇宙（100億光年レベル）よりずっと大きくすることができるのです。

急激な加速膨張によって、宇宙のエネルギー密度は急激に減少し、宇宙の温度も急激に低下します。しかし、それによってすぐにまた真空の相転移が起こるため、前に説明した潜熱が出てきて、宇宙は熱い火の玉となるのです。これを再熱化といいます。

ビッグバン理論では「宇宙が火の玉になる」といわれていますが、実はそれは、宇宙が最初から火の玉として生まれ、そのエネルギーによって爆発的に膨張したのではなく、真空のエネルギーが宇宙を急激に押し広げるとともに相転移によって熱エネルギーに変わり、そのときに火の玉になったということだったのです。

以上が、インフレーション理論が描き出した宇宙のはじまりのシナリオです。

ところで、この真空のエネルギーは、斥力として働くという意味で、アインシュタインが「失敗」と嘆いた宇宙定数とほとんど同じ役割を果たしています。実際に、アインシュタインの宇宙定数「Λ」という値は、真空のエネルギーと実に簡単な数学的関係があります。インフレーション理論が予言する宇宙の初期の姿とは、真空のエネルギーが宇宙を満たしているというものであり、それはとりもなおさず、宇宙初期には宇宙定数があったということなのです。

インフレーション理論の優秀性

ではインフレーション理論は、ビッグバン理論がかかえる多様な問題を解決することができるのでしょうか。

まず、モノポール問題から見ていきます。

宇宙が生まれて以降の発展を示した図2―6を見てください。この図では、各断面の輪の大き

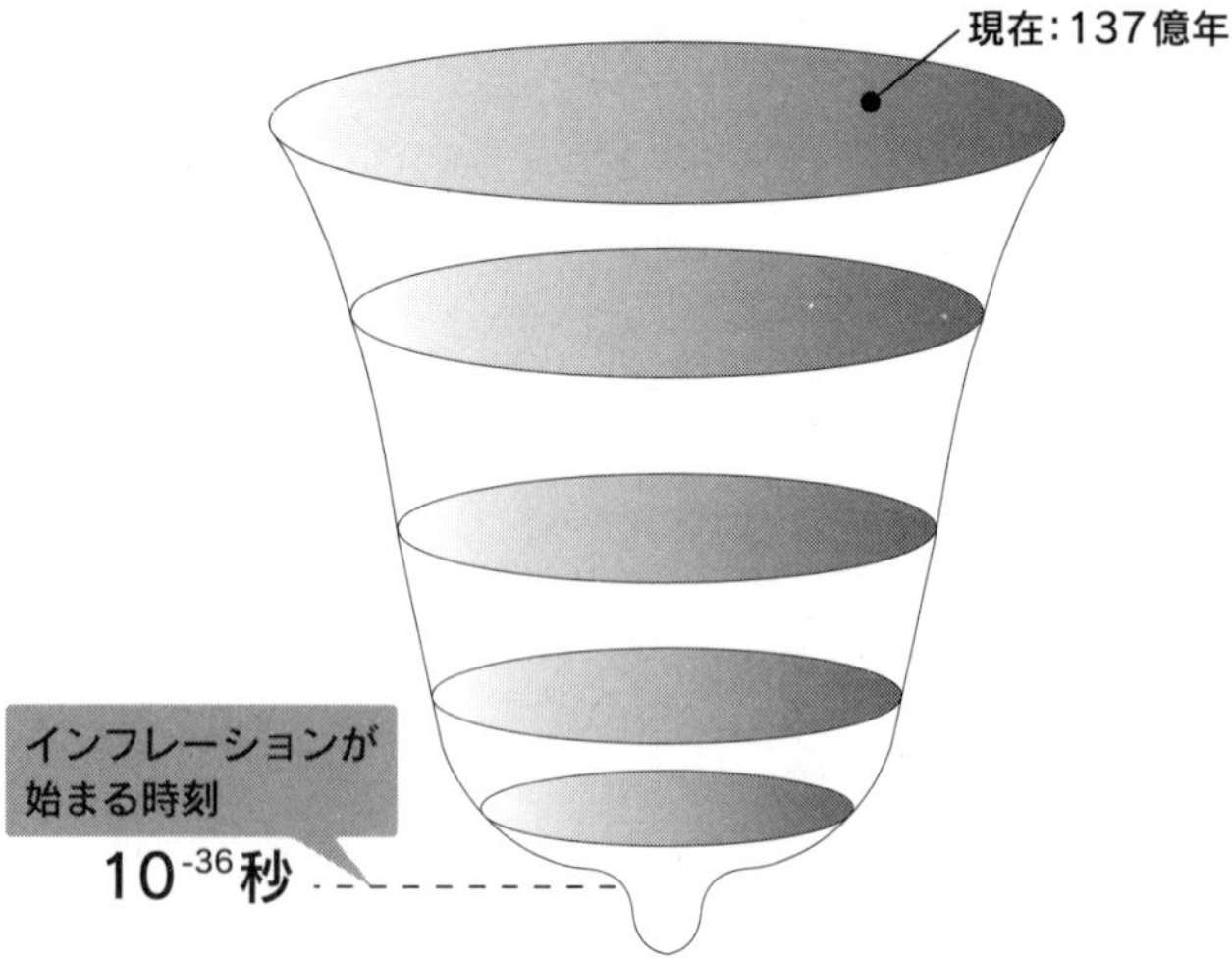

図2—6　インフレーションによる指数関数的な宇宙膨張

さが宇宙の大きさを表していて、いちばん下の輪が宇宙のはじまりの頃に真空のエネルギーによって加速度的に急激な膨張をした宇宙の大きさです。

数学的にいえば指数関数的な膨張を起こしたことになるために、私はこのモデルを考え出した当初、「指数関数的膨張モデル」と呼んだのです。指数関数的膨張とは、簡単にいえば倍々ゲームで大きくなるということです。ある時間で倍になったものが、また同じだけの時間で倍に、さらに倍に……と大きくなることです。

これは私が高齢の方によく言う冗談ですが、もしもお孫さんが「お小遣いをちょうだい。1日目は1円でいいよ。2日目はその倍の2円。3日目は、その倍の4円と増やしていって、1ヵ月くれたらあとは何もいらないから」とねだってきたとき、最初の額が小さいので欲のない孫だと思って「ああいいよ」と言うと大変なことになります。31日目の額は、2の30乗、つまり10億円を超えてしまうのです。

このような倍々ゲームを100回も繰り返せば、素粒子のような小さな宇宙でも、何億光年もの宇宙にすることができます。

そこでモノポールについて考えると、実は宇宙のはじまりには実際に、多くのモノポールができていたと考えてもよいのです。そこへインフレーションが起きて、たとえばモノポールを含むわずかな空間が1000億光年の彼方に押しやられたとします。すると、1000億光年の彼方には、確かにモノポールは存在することになります。しかし、そんな場所と、われわれの知る宇宙には、直接の因果関係がありません。われわれの知りえる観測可能な宇宙は、せいぜい100億光年とか200億光年ほどの大きさです。そのようなはるか遠くの宇宙に押しやられたモノポールが、われわれの知りえる宇宙の中にないのは、当然ということになります。つまり、存在はしていても観測できないという矛盾が解決されるのです。

ここで読者のみなさんは「宇宙の年齢はたしか137億年のはずなのに、なぜ1000億光年も先にまで宇宙が広がっているなどと言うのか？」と不審に思われるかもしれません。もっともな疑問です。しかし実は、インフレーション（指数関数的膨張）によって、宇宙は光の速度よりも速く膨張していたことがわかっているのです。なにしろ1ナノメートルよりも小さな宇宙が、わずか10のマイナス35乗秒からマイナス34乗秒後の間に、137億光年よりも大きな宇宙へと膨張するのですから。

実は、指数関数的な急激な膨張とはこのように、「困ったものはすべて宇宙の彼方に押しやることができる」という大変都合のいい話なのです。こうした考えを最初に示したのは私と共同研究者のM・アインホルンなのですが、このあたりのことが意外にも世界的にはあまり知られていないのが残念ではあります。

インフレーションの効能は、このほかにもいろいろあります。

最初の大きな仕事はなんといっても、素粒子よりも小さい初期宇宙を指数関数的膨張によって一人前の宇宙にして、真空の相転移による潜熱を生じさせ、宇宙を火の玉にしたことでしょう。ビッグバン理論では特異点から始まった宇宙がなぜ火の玉になったかを、説明することができなかったのです。

それから、初期宇宙には非常に小さな量子ゆらぎしかなかったのですが、これをインフレーションという急激な膨張によって大きく引き伸ばしてやることで、のちに星や銀河や銀河団を構成するタネをつくれることがわかっています。これによってまた一つビッグバン理論の困難、宇宙構造の起源が説明できないという問題を解決したことになります。

宇宙がなぜ平坦かという平坦性問題も、インフレーションモデルが解決します。

たとえば、私たちは丸い地球の上に立っている自分をイメージすることはできますが、「地球が丸い」ということを直接的に認識するのはなかなか難しいはずです。自分の体に比べて地球の半径が非常に大きいために、なかなかわからないのです。もし地球の半径が数㎞しかなければ、人間にもすぐに丸いことがわかるでしょう。

実は、宇宙も同様なのです。初期の宇宙が曲がっていたとしても、それがインフレーションによって巨大に引き伸ばされれば、人間には曲がっていることがわからなくなってしまうのです。宇宙はもしかしたら、現在でもわずかに曲がっているかもしれません。しかし、宇宙が指数関数的膨張をしてあまりにも巨大になったために、それを観測することができないのです。これで平坦性問題も説明することができます。

このように、ビッグバン理論におけるさまざまな困難が、インフレーション理論によって解決してしまうのです。

現在では多くの研究者によって、インフレーション理論の改良モデルが数えきれないほど提案されていますが、私とグースらが考えた元祖インフレーション理論と呼ばれているものは、このような姿をしています。

「無」からエネルギーが生まれるマジック

インフレーション理論は、素粒子のような小さな宇宙を巨大な「火の玉宇宙」にすることができるという理論です。きわめて小さかった初期の宇宙は、エネルギー的にも真空のエネルギーはあったものの、ほとんどゼロでした。ところが、インフレーションが終わった直後の宇宙は、相転移によって真空のエネルギーが熱エネルギーに変わり、火の玉になっている状態です。熱エネルギーがあるということは、膨大な量の素粒子が生まれて、ものすごく高速で動いているということでもあります。

こう言うと、疑問を持たれる方も少なくないでしょう。まるでインフレーションは見かけ上は何もないところから、「ただ」で宇宙の物質やエネルギーをつくっているように見えるからです。「エネルギー保存の法則はどうなっているのか」と思われるのは当然でしょう。

しかし実際、インフレーションは「ただ」で物質やエネルギーをつくったといえるのです。

もちろん、ここまでの議論に使っているアインシュタインの相対性理論は、エネルギー保存則を満たす方程式です。アインシュタインの方程式とあわせて使った力の統一理論の方程式も同様なのは言うまでもありません。にもかかわらず、これらの方程式から「ただ」でものがつくれるというのは確かにおかしなことで、これはまさにマジックといえそうです。はたしてその理由とは何でしょうか。

それは真空のエネルギーの特殊性で説明することができます。実は、真空のエネルギーは不思議なことに、宇宙がどんなに大きく膨張しても、密度が小さくなることがないのです。

普通の物質を考えてみましょう。箱の中に物質を入れておいて、箱の大きさを2倍、3倍にしていくと、物質の密度は、2分の1、3分の1になっていきます。当たり前のことです。しかし、真空のエネルギーは、密度が決して小さくなりません。宇宙の大きさ（体積）が100桁大きくなっても、宇宙の中にある真空のエネルギーの密度は変わらず同じなので、真空のエネルギー量は体積が100桁増えた分だけ、大きくなるのです。このようにして大きくなった真空のエネルギーが、相転移で熱エネルギーに変わることによって、宇宙は火の玉になるのです。

こう言うと違和感があるかもしれませんが、真空のエネルギーは空間そのものに対しては押し広げる力を持っています。しかし、空間内の物質に対してはマイナスの圧力を持っていて、収縮しようとする力が働きます。ほかにちょっと例のない特殊なエネルギーなのです。

このことは、真空のエネルギーがある宇宙を、ゴムのようなものと考えるとわかりやすいでしょう。ゴムが引き伸ばされると、ゴムの中の縮もうとするエネルギーが増加しますね。これと同じように、宇宙が引き伸ばされる（膨張する）と、宇宙の中の真空のエネルギーも収縮しようと

図2—7　引き伸ばされると真空のエネルギーは増加する

して増加するのです。つまり、宇宙が膨張することと自体が真空のエネルギーを増加させるのです（図2—7）。

真空のエネルギーがどこから生まれるのかは、重力の「ポテンシャルエネルギー」という言葉でも説明できます。

たとえば、太陽の近くに小さな粒子を置いたと想像してみてください。最初、止まっていた粒子は、やがて重力によってどんどん加速しながら太陽に向かって落ちていくはずですね。これを「ポテンシャルエネルギー」という言葉を使って説明しますと、最初の状態の粒子は、止まっているだけなので何もしていないように見えますが、実はポテンシャルエネルギーの量はこのときが最大です。ところが、落下して太陽との距離が縮まるにつれて、どんどん粒子のポテンシャルエネルギーは小さくなっていき、かわりに、もともとの状態ではゼロだった粒子の運動エネルギーが、太陽に向かって落下するうちに加速して、どんどん増加していくわけです。これは一見、何もないところから運動エネルギーが生まれたようにも思えますが、実は粒子が太陽に引っ張られるエネルギー、つまり粒子のポテンシャルエネルギーが、運動エネルギーに転換されたのです。

インフレーションによって宇宙空間が急激な膨張をしているときも、これと同様です。膨張とは、ポテンシャルエネルギーで見れば落下しているのと同じ状態なのです。最初に生まれたときは、宇宙空間のポテンシャルエネルギーは最大です。ところが、落下するように膨張することでポテンシャルエネルギーは小さくなり、かわりに、まるで「無」から生まれたように真空のエネルギーがどんどん大きくなります。その真空のエネルギーが、相転移のときに潜熱となって熱エネルギーに変わり、宇宙は火の玉になるわけです。これが、エネルギーの動きから見たインフレーション理論です。

ですから本当に、ほとんど無のような状態からエネルギーをつくっているというメカニズムになっているわけです。

ここまで見てきたようにインフレーション理論は、従来あったビッグバンモデルの問題点をいくつも解決しました。そのため現在では、宇宙初期を考えるときの標準的なパラダイムになっています。「パラダイム」とは、完全に証明されたわけではないけれども、ひとつの学問分野として研究者たちがそれを信じて、研究を進めているものと理解していただければよいと思います。

宇宙は「無」から始まったのか

これまで、私たちの住む宇宙が、どのようにして現在のように巨大になったのかということをインフレーション理論を用いて説明してきました。しかし、こうした話は少なくとも、もともと時空（＝宇宙）というものがあったことが前提になっています。たとえどんなに小さくても、最初に時空がなければ、宇宙の膨張という話もできないわけです。

では、「その時空はどのようにしてできたのだ」と問われたら、どう答えればよいのでしょうか。「私たちの宇宙はお母さんの宇宙から生まれ、お母さんの宇宙はおばあさんの宇宙から生まれて……」と答えても、無限に続いていくだけで、質問に答えたことにはなりません。時空の、宇宙のそもそもの起源について、われわれは物理学者として語らなければならないのです。

この問いについて私は、インフレーション理論を創って2年目くらいの時期に、友人であるアレキサンダー・ビレンケン（１９４９〜）と議論をしたことがあります。彼が語ったのは、「無からの宇宙創生」という考えでした。のちに彼は、“Creation of universes from nothing”と題した論文を書きました。つまり、宇宙は無（nothing）からできたというわけです。

ただし彼の言う「無」とは、われわれが考えがちな、宇宙空間に物質が何もない状態という意味の無ではありません。時間も空間もエネルギーもない状態のことです。その、宇宙創生前のまったくの無の状態から、量子重力理論という考え方を使えば、ある有限の大きさを持った宇宙がポッと生まれるというのです。

無から宇宙ができたという考え方は、世界の民話の中にも見られます。サハラ砂漠に住んでいるドゴン族という民族の持つ民話も、そのひとつです。NHKが10年ほど前に『アインシュタインロマン』という番組を制作し、ドゴン族にインタビューに行ったときのことですが、インタビュアーが長老に「宇宙はどうやってできたのですか」と聞くと、長老は滔々《とうとう》と「宇宙は無から始まった。ポコンと生まれたのだ。その宇宙は急激にふくれていまのような宇宙になった」といった話をしていました。それに対してインタビュアーが、「そういう話は、アインシュタインさんという人の理論にあるのですが」と返すと、長老は「では、われわれの話を聞いたのだろう」と答えていました。たしかに神話や民話では、宇宙創生は無限の連鎖になることが多いですから、無からできるというのも至極当然のことなのかもしれません。

しかし、われわれ物理学者が「宇宙は無からできる」と言うと、当然、「おまえはエネルギー保存則を知っているのか」と問われることになります。もちろんビレンケンも、きちんと物理法

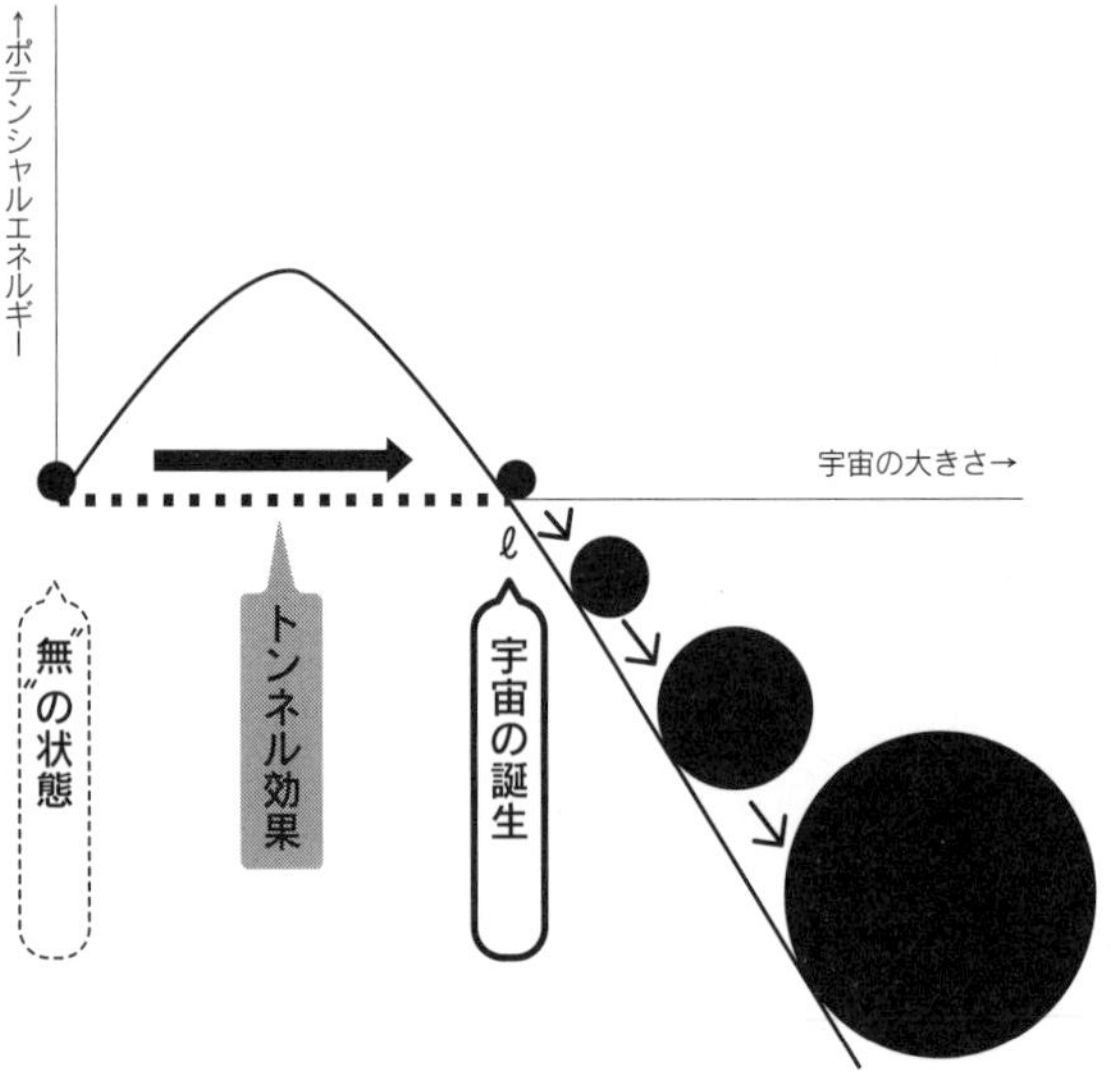

図2―8　トンネル効果による無からの宇宙創生

則にもとづいたかたちで「無からの宇宙創生」が可能だという理論を展開しているのです。

彼は、この「無からの宇宙創生」を、ミクロの世界を支配している量子論の法則にもとづいて考えました。

読者のみなさんの多くは、江崎玲於奈（1925〜）先生が1973年にノーベル賞を受賞したことを知っていると思います。受賞の理由は、「トンネル効果」の発見でした。トンネル効果とは、電子が本来は通過することができないはずのところを、ある確率で通過することができるという現象です。

図2―8を見てください。この図で原点（〝無〟の状態）の場所にボールがあ

り、その隣に小さな山があるとすると、通常、ボールは山に阻まれて右側に行くことはできないため、永遠に原点でじっとしていると考えられます。ところが、量子論に従うと、ボールは同じ場所でじっと静止していることはありません。必ずこの場でゆらいでいます。振動をしているのです。原点は〝無〟の状態ですからボールはエネルギーも持たない点のはずですが、量子論では点にもゆらぎがあるのです。とは言っても、それは小さな振動であり、右側の山を乗り越えるようなことはありません。

しかし、量子論には「トンネル効果」という現象があって、ボールがあたかも自分で山の中にトンネルを掘ったかのように、山の向こう側（点ℓ）にポッと現れることがあるのです。それはとても小さな確率ではありますが、そういうことが起こりえるのです。そして、もしトンネル効果によっていったん山の右側に現れれば、ボールはそこから斜面を急激に転げ落ちていきます。

ビレンケンは、これと同じことを宇宙に当てはめて考えたのです。

図2―8で、縦軸はボールの大きさを決めるポテンシャルエネルギーとします。横軸は宇宙の大きさです。つまり、原点は宇宙の大きさもエネルギーもゼロ、〝無〟の状態です。それがトンネル効果によって、非常に小さいながらもある確率で、ポッと山を越すようにして、限りなくゼロに近いものの有限の大きさを持ってℓに現れるのです。現れてしまえば、あとは斜面を転げ落ちるように、宇宙はどんどん大きくなっていくというのです。

なお、トンネル効果によって宇宙が現れるまでは数学的には虚数の時間で表されます。非常に小さいながらも宇宙が有限の大きさを持って現れてからは、私たちが現在使っているのと同様の実時間で表されます（虚数時間については83ページのコラム参照）。

少し荒っぽい説明ですが、これがビレンケンの理論の概要です。

このように、量子論で考えるならば宇宙は「無から創る」ことが可能であり、実は宇宙が急激に膨張することが、トンネル効果の説明で示した坂道を転げ落ちることに対応しているのです。さきほどインフレーションとはポテンシャルエネルギーが落下していくようなものだと話しましたが、まさに坂道を転げ落ちているわけです。「宇宙は膨張しているのに落下しているとはどういうことだ？」と思われるかもしれませんが、アインシュタイン方程式から見ると、膨張とは、まさにポテンシャルの坂を落下するような状態と思っていただいてよいのです。

「果てのない」宇宙創生

ビレンケンの理論に少々遅れて、やはり量子論をもとに、ホーキングとジェームズ・ハートルが、「果てのない」という条件からでも宇宙ができるという理論を出しました。「果てのない」とはどういう意味かというと、「宇宙の始まりは特異点ではない」ということです。

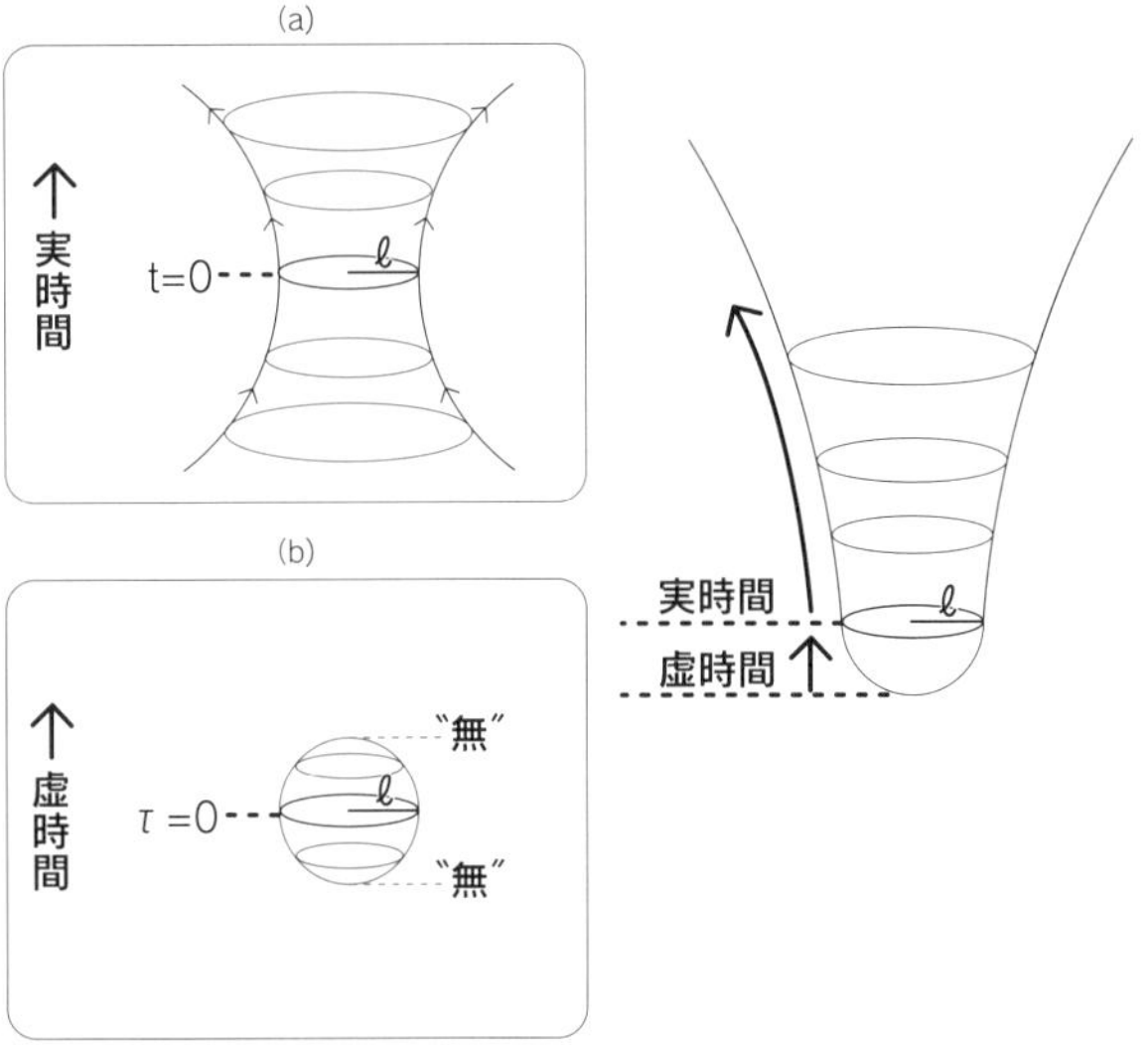

図2―9　右が「果てのない宇宙」のモデル（tは実時間、τ は虚時間、ℓ は宇宙誕生の瞬間）。aの上半分とbの下半分をつないだ

ここは難しい話なので、ごく大まかに説明しますと、宇宙が膨張することを提唱したフリードマンの宇宙モデルでは、宇宙が誕生する時刻ゼロの瞬間は、空間はゼロに、エネルギーは無限大（＝発散）になってしまう「特異点」であると考えられていました。しかし、ホーキングたちは、実時間で宇宙が膨張するモデル（図2―9a）と、虚数時間（虚時間）で宇宙が大きくなって縮むようなモデル（図2―9b）をつなぎ合わせると、特異点を考えなくても宇宙創生のモデルがつくれる、と考えたのです（図2―9の右）。宇宙が虚数時間で始まったとすれば、エネルギーが無限に発散してしまう点にはならないというわけです。

つまりホーキングたちは、宇宙は何も特別な点から始まったのではなく、いわば北極や南極のようにつるんとした、「果てのないもの」から始まったと考えたのです。

いずれにしても、ビレンケンやホーキングらのように量子論的なことを考えると、宇宙が無からつくられるという議論もできるのです。量子論によって宇宙の誕生を描き出す理論は、大筋では本質を捉えているのではないかと私は思っていますが、残念ながら、まだ完全に確立した理論にはなっていません。ひとつには、量子力学ではあらゆるものは波として表現されなければなりませんが、その波の状態からエネルギーや運動を定義するのが難しくなってくるのです。しかし、だからこそ現在もたくさんの人が研究し、新たな面白い議論も生まれてきています。その一つにたとえば「膜宇宙」がありますが、これについてはのちほど説明します。

章の最後にもう一度、ここまでの話をまとめておきましょう。

私たちの宇宙は、ある意味での「無」の状態から生まれました。無から誕生した宇宙は、インフレーションを起こして「火の玉」の宇宙になりました。その火の玉はどんどん大きくなり、大きくなるとともに温度が下がっていきます。すると中にあるガスが固まってきて、インフレーションのときに仕込んだ構造の種（量子ゆらぎ）が次第に強くなり、銀河や銀河団が生まれ、現在の宇宙のようなものにまで成長する——現在、インフレーション理論が描き出している宇宙創生のグランドシナリオは、このようなものなのです（図2—10）。

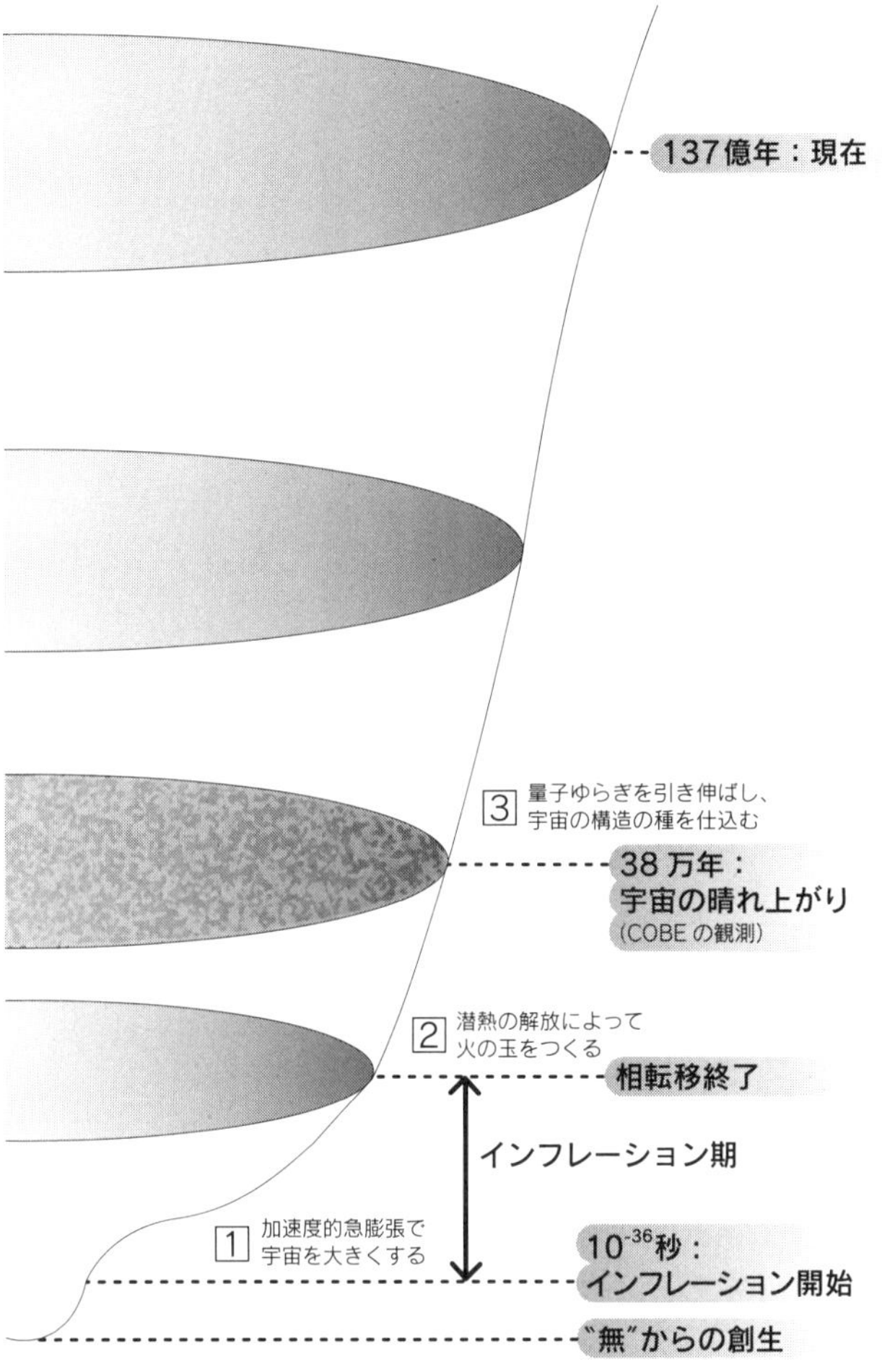

図２―10　宇宙創生のグランドシナリオ

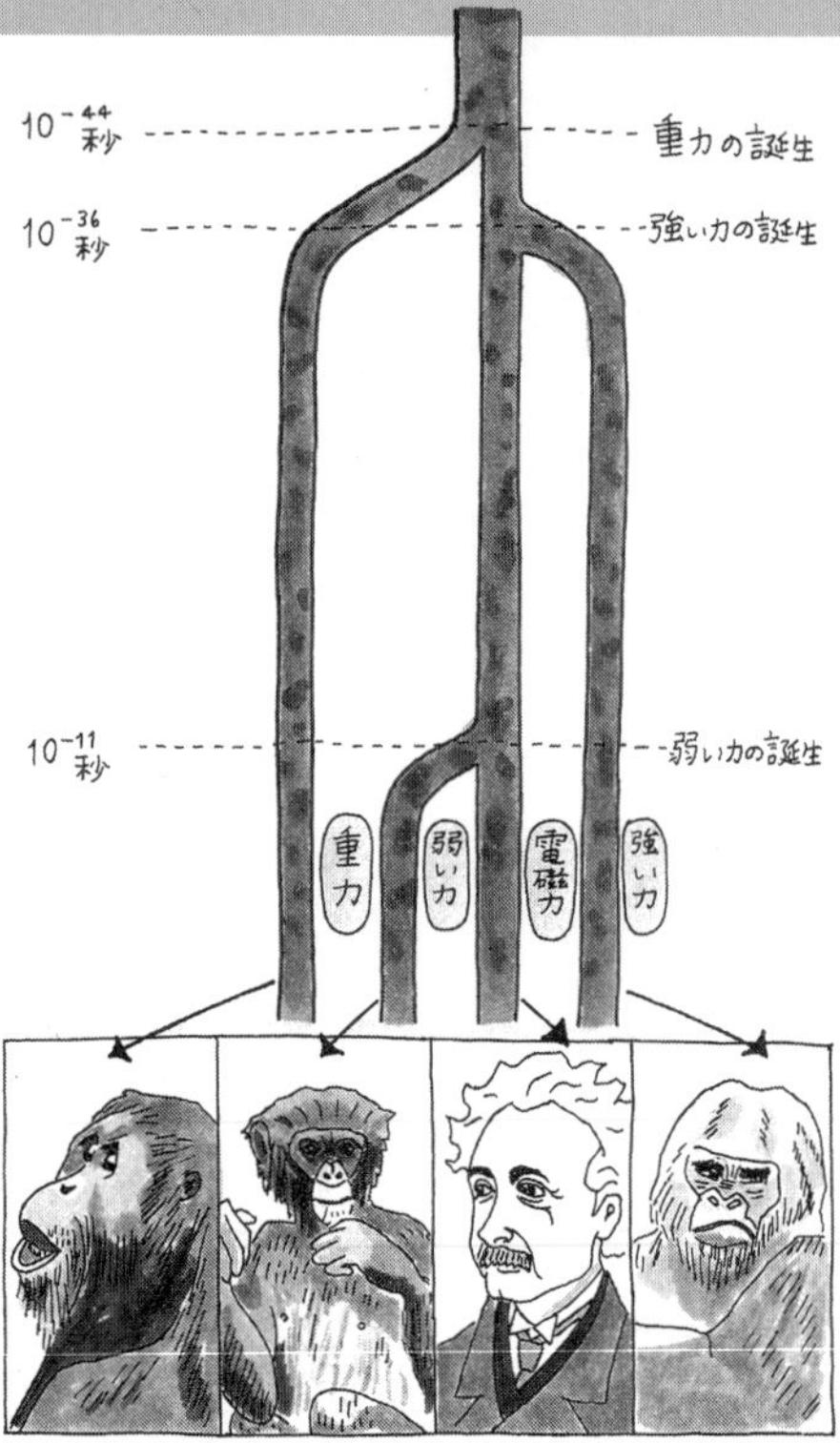

↑1つの「祖先」から、力はごく短い時間で次々に枝分かれしていった

4つの力を強さの順番に並べれば、強い力、電磁気力、弱い力、重力となります。しかし強い力と弱い力は原子核の中の、ごく小さな距離でしか働くことがないため、私たちの実生活で実感することがほとんどありません。

これらの力は、もとは1つだったものが、宇宙創生からわずかの間に次々と枝分かれしました。いわば共通の祖先からゴリラ、オランウータン、チンパンジー、ヒトに分かれたようなものです。そしてアインシュタインほか多くの科学者が、4つの力を1つに統一する理論（超大統一理論とも呼ばれています）の完成を夢見てきました。それはあらゆる物理現象を1つの数式で説明する、究極の理論になるからです。

力には、この４種類しかないのですか？

すべての力は、根源をたどると４つの力だけに分類できます。

宇宙にある力は、つまるところ４種類しかないと聞けば、「遠心力とか摩擦力とか、力がつく言葉はほかにもたくさんあるのでは？」と疑問に思われるかもしれませんね。

私たちの宇宙は、電子などの小さな素粒子で構成されています。そして素粒子の間で働く力は、重力、強い力、弱い力、電磁気力の４つしかないことがわかっています。だから、どんな力も根源的には、この４つのどれかなのです。

では、４つの力の特性を少しくわしく説明しましょう。

まず、重力。これは物質が互いに引き合う力です。その強さは、物質の質量に比例し、物質の間の距離の２乗に反比例します。無限の遠方まで働きますが、４つの力では最も弱い力です。「地球の引力は強いはずだ」と思われるかもしれませんが、それは地球の質量が非常に大きいからなのです。

次に電磁気力。これは、プラスの電荷を持った陽子やマイナスの電荷を持った電子など、電荷を持った粒子や物質どうしに働く力です。原子核と電子を結びつけて原子を形づくったり、原子どうしを結びつけて分子を形づくったりします。力の強さは距離の２乗に反比例し、無限の遠方まで届きます。

強い力とは、原子核の中で中性子と陽子を結びつけたりしている力です。発見したのは湯川秀樹先生で、力の及ぶ範囲は10のマイナス13乗cmほどです。

弱い力は、陽子のベータ崩壊を導くような力です。力の及ぶ範囲はわずかに10のマイナス15乗cmほどです。

✝ 科学には「何だかわからないけれど、あると便利」なものが意外に多い

ナスという概念すらなかったのです。数といえば整数、それも正の整数だけに限られていた時代があったのです。それが628年にインドのブラーマグプタ（598～668年？）によってゼロの概念が示され、そこから、マイナスという概念も生まれてきました。いま「ゼロって何だろう？」「マイナスの数は存在するのか？」と悩む人はいないでしょう。ゼロやマイナスのおかげで私たちが扱うことができる世界が広がり、科学が進歩し、生活も豊かになったいま、誰もゼロやマイナスの存在を疑ったりはしません。

　虚数も同じことだと私は考えています。虚数時間という概念を採り入れることで、私たちが扱える世界は宇宙創生のその前にまで広がったのです。そのすばらしさを思うと、虚数時間が本当に存在するかという問いはあまり意味をなさないような気がするのです。

コラム③

虚数時間

虚数時間という時間が本当にあるのですか？

本当にあるかどうかは、
私にもわかりません。

虚数とは高校の数学で習ったように、２乗するとマイナスになる数です。でも私たちの実生活で、そのような数に出会うことはほとんどありませんね。そんな実感のできない数が時間と結びついた「虚数時間」あるいは「虚時間」などという言葉を宇宙論の本などで目にすれば、初めての方なら困惑するのも当然です。「いったいどういう時間だろう？」と悩んでしまい、先を読み進めなくなるかもしれませんね。

とりあえず数学的に説明しますと、私たちの４次元時空（３次元空間＋時間）を扱うとき、空間の３つの次元と同様に時間を扱うためには、虚数時間が必要になるのです。

本文でも説明した宇宙誕生におけるトンネル効果を記述するとき、ゆらいでいる粒子が山を通り抜けて反対側に現れたときから、私たちが使っている実数の時間が始まるとされています。しかし、粒子が動きはじめ、山を通り抜けている間も、時間は流れているはずです。その時間をどのように記述するかを考えたとき、虚数を使うとうまくいくことがわかったのです。つまり、宇宙が始まる前の時間を「数学的にうまく記述するため」に導入されたものと言ってもいいでしょう。みなさんは、虚数時間が本当に存在するかどうかはともかく、存在していたほうが都合がいいのだ、というくらいに考えていただいていいと思います。

そんなご都合主義的な説明では納得できないと思われるでしょうか。でも考えてみてください。かつては、ゼロやマイ

第3章

観測が示したインフレーションの証拠と新たな謎

フロンティアというものは、いくらでも広がっていくのです。大切なのは、何か新たなことを知れば、逆に、自分は知らないのだということを発見することです。それによって、また科学は進んでいくのです。これからお話しするのは、まさにそういうことです。

（本文より）

インフレーションの証拠を見つけたCOBE

次に問題になるのは、このようなインフレーション理論による宇宙創生というストーリーは、単なるお話にすぎないのか、それとも何らかの方法で証明できるのかということです。

ここまでこの本を読んできて、「なるほど理論的にはきれいな話ができている。だけど、何ひとつ証拠はないのでは?」「宇宙が誕生して『10のマイナス36乗秒後』のことなんか本当にわかるのか?」といった疑問を持たれる方がいても当然のことです。たしかに、人類が137億年前にまでさかのぼって宇宙の初期の姿を見るなど普通はできないことですし、そのとき起きた現象を証明するなど、ありえないことのように思えます。

それにもかかわらず、われわれは先ほどのグランドシナリオを主張するわけです。そして、137億年前の宇宙開闢《かいびゃく》から10のマイナス36乗秒後、インフレーションが起こった頃の様子を、原理的には写真に撮ることができると主張しているのです。「何でそんなことができるのか」と思われるのもまた当然のことですので、図3―1をご覧いただきましょう。

地球を扇の要《かなめ》にして、遠方のものほど中心から離れるように描いてあります。私たちは観測から、私たちの銀河である天の川銀河の隣、230万光年の彼方にアンドロメダ銀河があることを

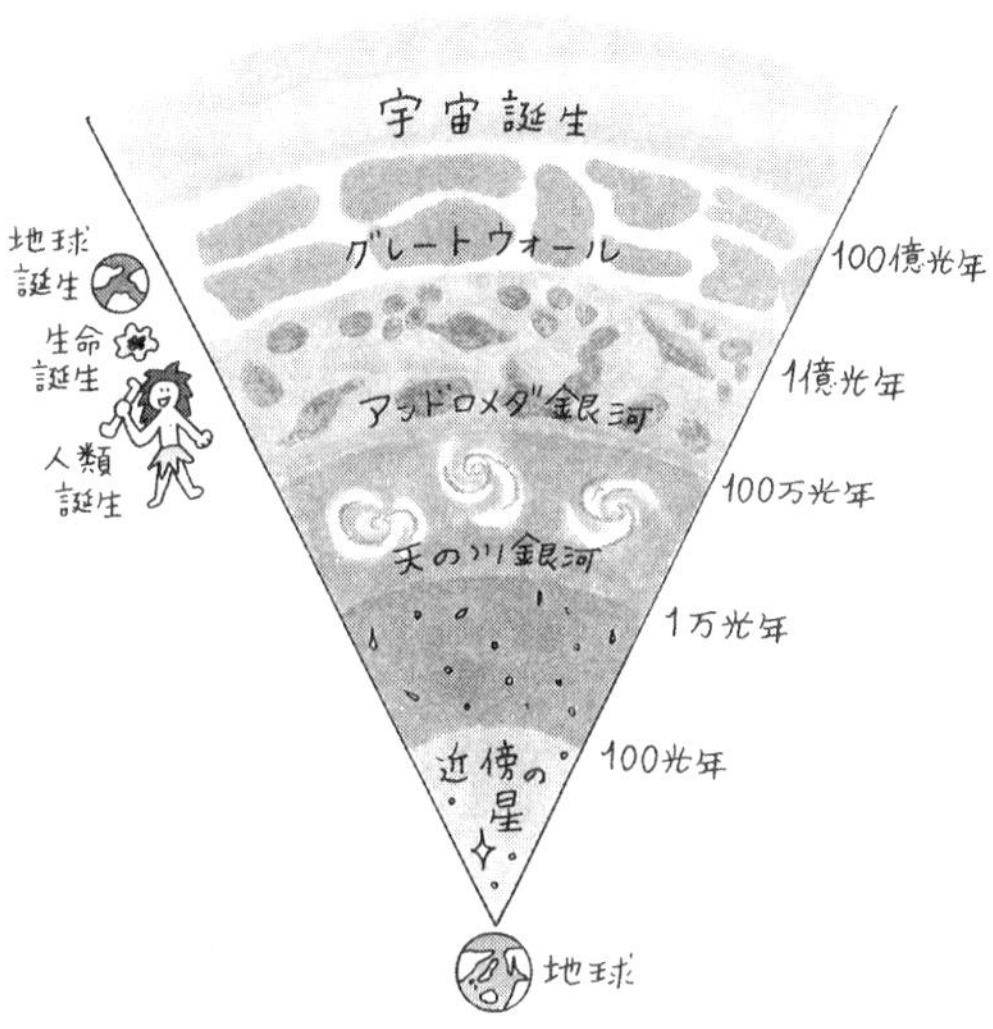

図3―1　宇宙では遠くを観測すれば過去が見える

知っています。それから、2億光年彼方には、グレートウォールと呼ばれる壁のような銀河の大集団があることも知っています。さらに、この壁は5億光年ほどの大きさを持つ蜂の巣の穴のような構造をしていることも。

こうして、だんだん遠くを見ていくと、現在、130億光年ほどの彼方まで見ることができるのです。

ここで、考えてみてください。アンドロメダ銀河からやってきた光は、光の速度で230万年かかって私たちの地球に到達した光なのですから、現在、私たちが見ている光は230万年前に出た光です。とすると、いま、私たちが見ている星のうちのいくつかは、いまこの瞬間には、もう爆発してしまってなくなっているかもしれません。2億光年彼方にあるグレートウォールの場合は、いま見えている明るい星（巨大な星）のほとんどは、すでに寿命が尽きてなくなっていることでしょう。

このように、遠くを見れば宇宙の過去を見ることができるのです。ですから、原理的には、本当の宇宙の果てを観測することができれば、まさに宇宙の開闢を見ることが可能だということがわかるはずです。

ここで「原理的に」と言ったのは、現実には見ることができないからです。それは単純な理由からです。実は誕生して30万〜40万年後までの宇宙は、曇っていて見ることができないのです。その頃までの宇宙は高温で、素粒子が飛び回っている火の玉でした。光がこの火の玉の中を進もうとしても、すぐに素粒子にぶつかってまっすぐ進めないため、一寸先も見ることができなかったのです。まるでぶ厚くて熱い雲の中にいるような状態です。やがて宇宙の膨張によって温度が下がり、その雲が晴れ上がるのが30万〜40万年後頃なのです。これを「宇宙の晴れ上がり」といいます。ですから、それ以前の宇宙の姿は、光では見ることができません。

しかし、晴れ上がってからの宇宙の様子ならば、光で観測することが理論的には可能です。

これを最初にやろうとしたのが、40ページでも少し紹介した宇宙背景放射探査機ＣＯＢＥ（図3―2）でした。１９８９年の11月にデルタロケットによって打ち上げられたこの人工衛星は、

図３―２　COBEの全体図。上部のスカートを逆さにしたような覆いの中に３つの装置がある（提供／NASA）

宇宙が不透明から透明に変わったその瞬間の様子を見ることを目的にしたものです。みなさんが、飛行機に乗っていて雲の中にいたとしましょう。雲から出た瞬間に後ろを向いたら、何が見えるでしょうか。雲の表面ですね。その雲の表面とはまさに、宇宙が不透明から透明になった境界です。これを厳密に測定することを目的に打ち上げられたのがＣＯＢＥなのです。

ただし、ＣＯＢＥは私たちの目に見える可視光ではなく、電波で宇宙を見る人工衛星です。電波で見るには理由があります。ビッグバンのとき火の玉だった宇宙の光が、いまは波長が長くなり、マイクロ波の電波になっているからなのです。なぜ長くなってしまったかといえば単純な話です。

波の性質を持つ光を箱に入れて、その箱自体を2倍、3倍と大きくすると、光の波長も2倍、3倍と大きくなっていきます。同様に宇宙が膨張によって3000倍、4000倍と大きくなると、光の波長も3000倍、4000倍の波長になってしまうわけです。

ですから、宇宙創生から30万〜40万年たった晴れ上がり直後は、雲の表面は可視光で光っていましたが、その後の膨張によってマイクロ波にまで波長が長くなってしまっているのです。それを、COBEでくわしく見ようというわけです。

図3―2で、COBEの後ろに見えているのが地球です。地球からは雑音となる電波が来ますので、つねに地球に後ろを見せて、スカートのような覆いで電波をシャットアウトしています。それに加え、つねに太陽も見ないようにしています。COBEは極軌道を回る人工衛星で、北極の上から南極の上を回っているので、いつも太陽が横にある状態になっているのです。

電波を遮るスカートの中には、三つの装置があります。FIRAS、DIRBE、DMRという装置で、それぞれに役割があります。

まず、FIRASという装置は日本語では遠赤外絶対分光測光計といい、宇宙の果てからやってくる電波のスペクトルを正確に測定する装置で、どんな電波がどんな強さできているのかを測定します。この装置を使い、ジョン・C・マザーがリーダーとなって、「火の玉」の証拠となる電波を見つけたわけです。

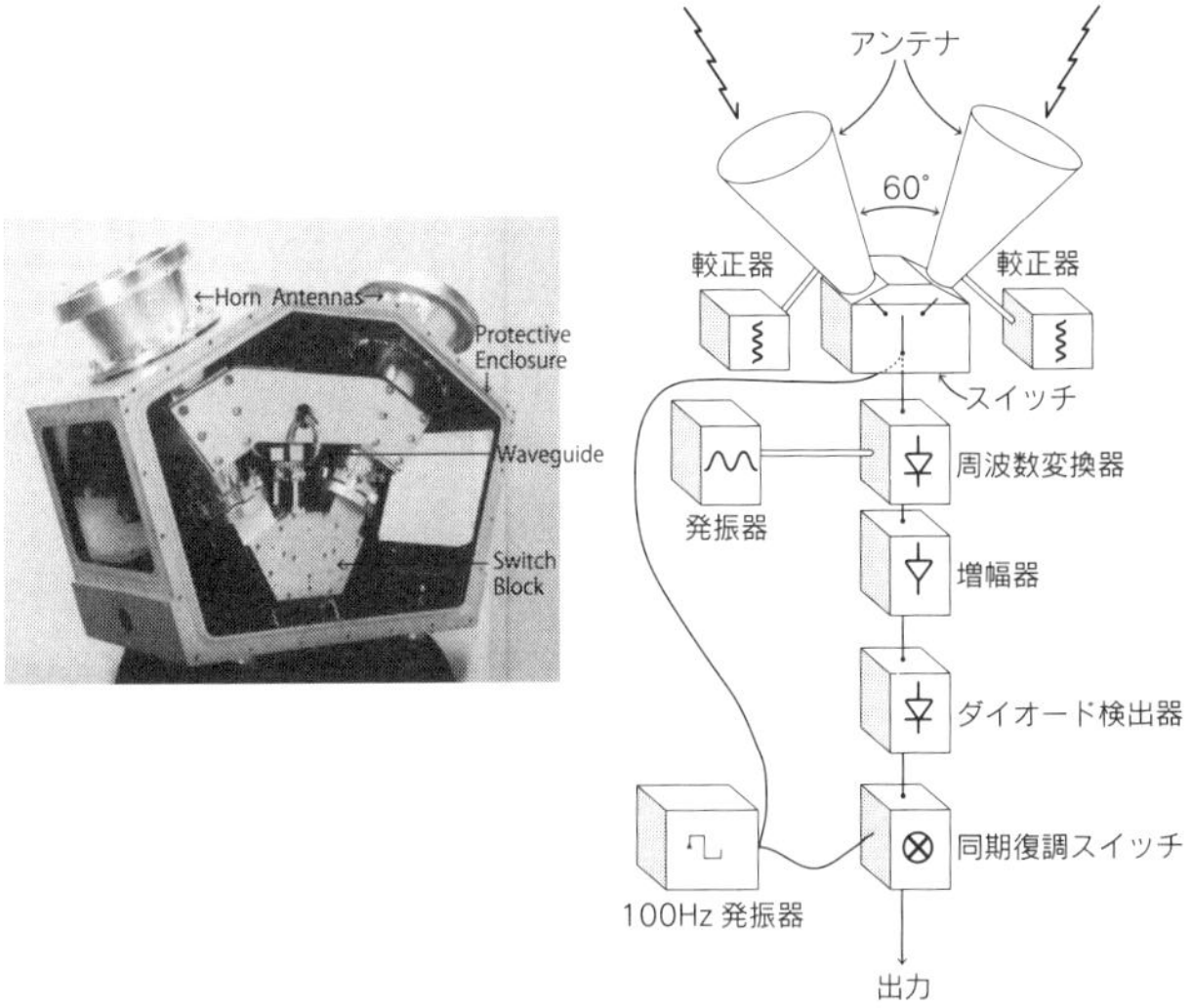

図3―3　DMR（写真はほぼ実物大：提供／NASA）

それから、DIRBEは、日本語では拡散赤外背景放射実験装置という名称です。これは赤外線で宇宙全体を見ることができる装置ですが、たとえば宇宙の初期に光っていた星の光が、宇宙が膨張することによって引き伸ばされ、赤い方にずれる（赤方偏移）ので、その赤外線を見るものです。

三つめのDMRは、たった3㎝四方ほどの非常に小さく可愛らしい装置なのですが、われわれにとって最も重要な発見をしました（図3―3）。日本語ではマイクロ波差分装置と呼ばれ、電波の空間的なムラを見ることで、電波の強さがどれくらい変化するのかを見るものです。一方からくる電波を測定すると同時に、別方向からやってくる電波も測定するのです。ただし測定

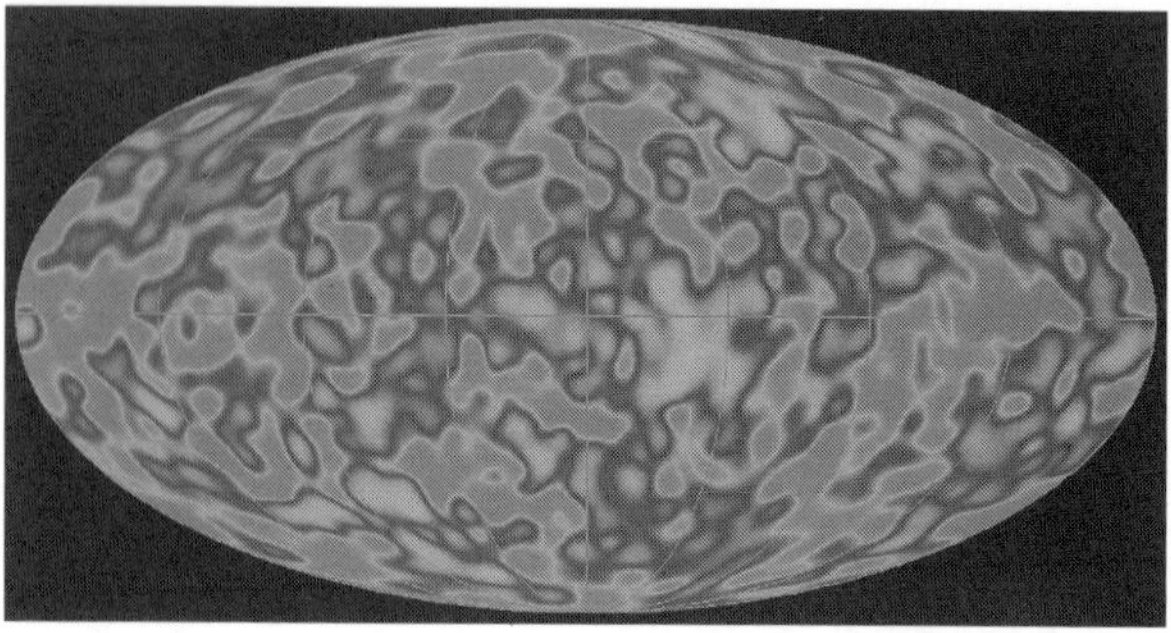

図3—4　COBEが発見した電波のゆらぎ（提供／NASA）

するのは二つの電波の比、つまりどちらからくる電波がどれだけ強いかという相対的な割合だけです。電波の絶対的な数値を測定するのは大変なので比較だけをするわけで、だから「差分」装置と呼ばれているのです。

こうした三つの装置が搭載されたCOBEは、半年間かけて全天空を観測し、全天球、つまり空全体をスキャンすることができます。そうすると、空全体の電波の強弱がわかるのです。このような観測によって描かれたのが、図3—4です。

この図は全天球を描いたものですが、平らな紙の上に球を広げて載せることはできませんから、地球表面の地図を描くような方法で描いています。そして電波のゆらぎをとらえ、電波の強いところを赤で、弱いところを青で描くようにして濃淡をつけてあります。もちろん写真ではなくコンピュータ処理によって描いた図です。ただし電波の強弱は、色の違いや濃淡からイメージされるほど大きな差異があるわけではありません。最大でも10万分の1程度の、わずかなゆらぎがあるにすぎないのです。

歴史的に見ると、COBEよりも前に、多くの研究者たちがこの電波のゆらぎを見つけようとしています。たとえば、ロシアでは「レリック」という人工衛星をCOBEより10年も前に打ち上げていますが、実現できませんでした。それは、このゆらぎがあまりにも小さいものだったからです。

COBEに搭載した小さなDMRを使って、このわずかなゆらぎの発見に成功したのは、ジョージ・スムート（1945〜）というカリフォルニア大学バークレイ校に設置された研究所の教授です。このときのことを私はいまでも覚えていますが、ニューヨークタイムズは一面のほぼ全面をCOBEのニュースに割いていました。スムートは発見のあと、ニューヨークタイムズの記者会見でこう話しています。

「自分の発見によって多くの人々は、インフレーション理論が正しいことを知るようになるだろう」

なぜスムートがそんなことを言ったのかというと、COBEは宇宙が生まれてから30万〜40万年後の姿、それも量子ゆらぎがインフレーションによって引き伸ばされてできた宇宙の凸凹《でこぼこ》を詳細に描き出して見せたからです。凸凹の山の高さや大きさといった統計的な性質が、計算されていた量子ゆらぎの性質と一致したからです。

インフレーション理論は、どの場所にどんな大きさの山や谷ができるかという具体的な位置や強さを予言しているわけではありません。しかし、宇宙初期の指数関数的膨張によって量子ゆらぎが引き伸ばされるとどの程度の山や谷（あるいは濃淡）がどのくらいの割合で存在するはずだという比率的なことは理論上、予言していて、それが統計的に一致したということなのです。

この発見によって、2006年にスムートは、マザーとともにノーベル賞を受賞しました。もっとも、この発見に関して理論家たちは、宇宙初期が火の玉であったことはまったく当たり前のことだと考えていましたから、その通りの電波が届いていたという発見に対する大きな驚きはありませんでした。しかし、スムートが描き出して見せたマイクロ波背景放射のゆらぎは、インフレーションの証拠になる観測としても、インパクトのある大きな成果だったのです。

COBEの観測を補強したWMAP

さて、COBEのDMRが観測した、空全体の電波の強さを濃淡で示した画像（図3―4）をもう一度見てみましょう。実はこの装置は、空間的な分解能がほとんどなく、あまりにもピンぼけなのです。10秒角（1度の360分の1）離れた2点を区別することもできません。3㎝四方ほどしかない小さな望遠鏡で宇宙を見るわけですから、それもしかたないでしょう。

図3―5　WMAP（提供／NASA）

そこで、マイクロ波のゆらぎをもっと細かく見てやろうという計画が、世界中のいろいろなところでスタートしました。たとえば2000年頃には、南極に行って見ようという計画もスタートしました。なぜ南極なのかと言うと、南極には極の周囲をぐるぐる回る風があるからです。この風を利用して観測機械を載せた風船を上げると、理論的には何度もぐるぐると回りながら、打ち上げた場所に戻って来る。つまり、ほぼ同じ場所で長い時間、観測をすることができるのです。ただ、COBEのように全天球を見ることはできず、南極方向の狭い角度しか見ることができません。その領域だけをくわしく観測したのです。

全天球に及ぶマイクロ波の調査を徹底して行ったのが、2001年6月にNASAが打ち上げたWMAP（Wilkinson Microwave Anisotropy Probe＝ウィルキンソン・マイクロ波異方性探査機）という人工衛星で

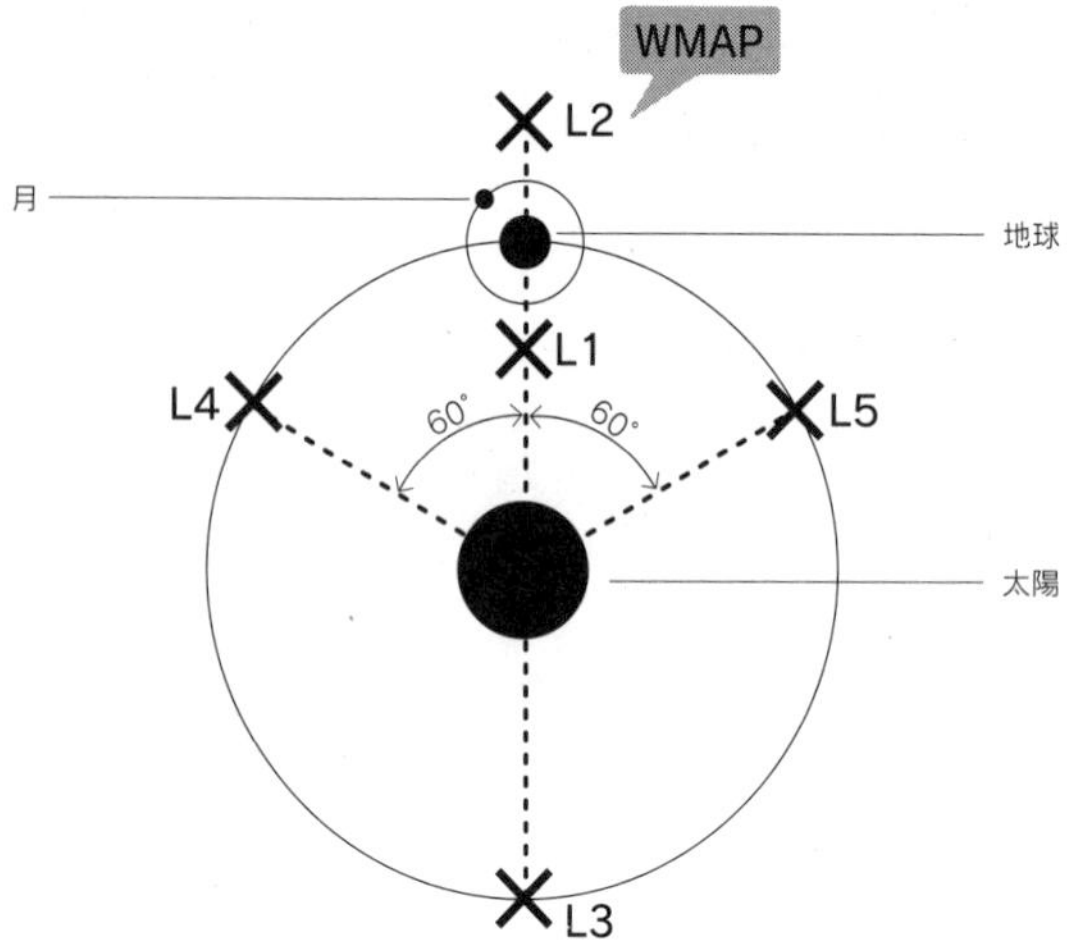

図3—6　ラグランジュポイントはL1〜L5の５つある。WMAPはL2で観測を続けている

した（図3—5）。NASAでも以前から、COBEの画像があまりにもピンぼけなので、もっと詳細に調査したいというプロジェクトは提案されていました。しかし、あまりにも膨大な費用がかかるために、すぐには実現しませんでした。WMAPが打ち上がった頃は、NASAの長官のダニエル・ゴールディンが「早く安く」ということを提唱しており、この衛星も（日本の研究予算から見れば膨大な費用ですが）NASAのプロジェクトとしては異例の短期間で、安価に打ち上げられたのです。

この衛星の軌道ですが、COBEが地球の表面をぐるぐる回っていたのに対し、WMAPの場合は、月の軌道を越

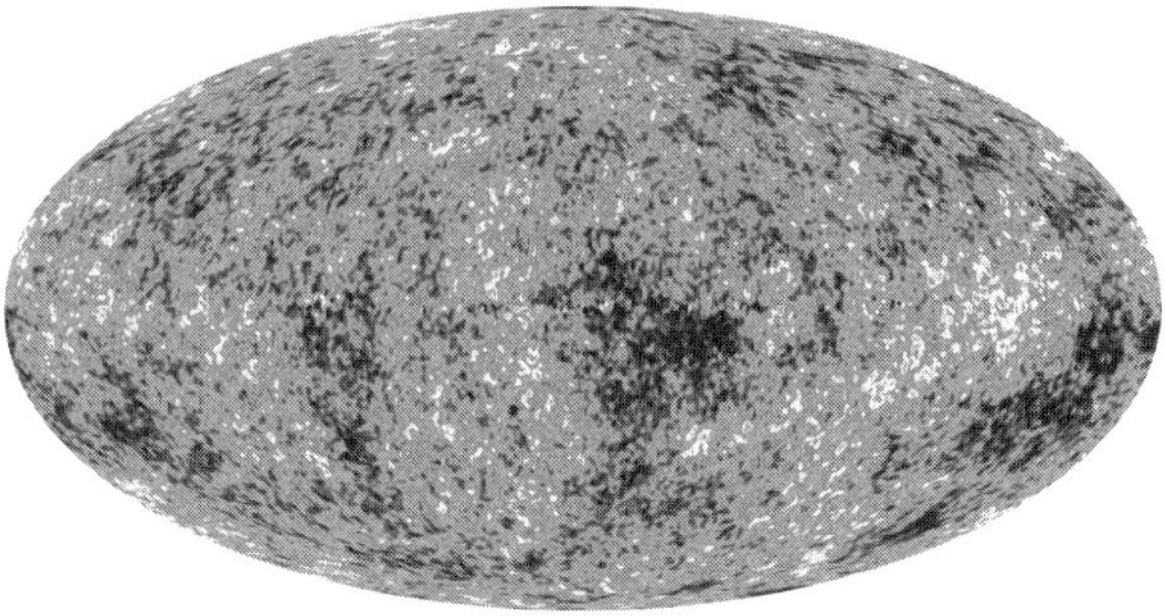

図３―７　WMAPによるゆらぎの画像（提供／NASA WMAP Science Team）

え、ラグランジュポイントと呼ばれる太陽、地球、月の重力の釣り合うポイントに打ち上げられています（図３―６）。ここに打ち上げると、地球から来る電波などの雑音が小さくなるなど、多くのメリットがあるのです。この人工衛星はいまも観測を継続していて、どんどん新しいデータを送り続けています。

科学雑誌などではよく紹介されますが、ノーベル賞を受賞したＣＯＢＥの画像と比べると、ＷＭＡＰの画像（図３―７）がより細かな構造まで見えるようになったことは一目瞭然です。30倍ほど細かくなったといわれていますが、だいたいの大きな構造はＣＯＢＥのものと同じであることがわかります。ＣＯＢＥを受賞候補にしていたノーベル賞の委員会にしても、その画像を本当に信用していいものか、まったく心配がなかったわけではないでしょう。しかしＷＭＡＰによるこれだけ詳細なフォローアップの観測があれば、もう間違いありません。ＣＯＢＥのノーベル賞

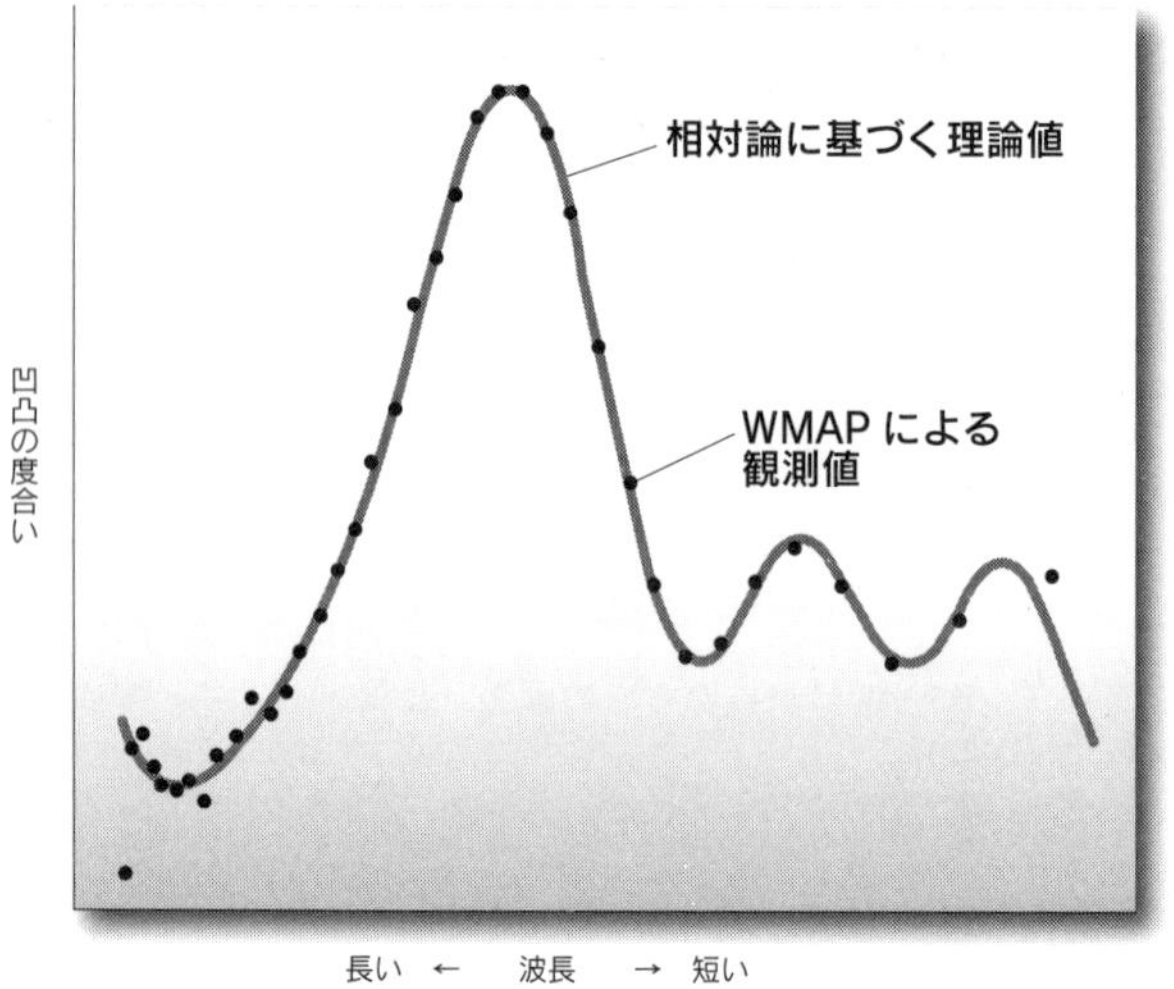

図3—8　理論的な予言と観測のみごとな合致

は、ＷＭＡＰの成果のおかげでもあるのです。

　ＷＭＡＰの観測結果を見て、「30倍細かくしたというだけのことで、本質的なことは、ＣＯＢＥの観測でわかっているじゃないか」と思われる方があるかもしれません。確かにそれはその通りです。しかし、アメリカ物理学会の会長をやったジョン・バーコールは、「驚くことが何もなかったことがＷＭＡＰの観測の最大の成果だ」という主旨の発言をしています。それは、理論が予言したものと観測結果がまったく同じだったということです。われわれ理論物理学者にとっては、観測によって「驚くことが何もなかった」こと自体が、理論の正しさの証明であり、「最大の成果」なのです。

理論の正しさをより具体的に示すグラフをご覧に入れましょう（図3―8）。ＣＯＢＥが示した凸凹を30倍にしたＷＭＡＰの観測結果をもとに、さらに細かい解析がなされました。その結果、実際に観測でわかった数値を点で、宇宙のゆらぎについて理論的に予言したものを線で示して比較したのがこのグラフです。

これを見て私自身が思ったことは、「どうして観測の結果が、これほどみごとに物理学が予測する結果と合致するのだろうか」ということでした。物理学の偉大さを強く感じました。

ところで、この理論上の曲線を描くには、いくつか数値を仮定しなければなりません。たとえば現在の宇宙はどのくらいの速さで膨張しているか（ハッブル定数）、現在の宇宙全体には陽子や中性子といったバリオンと呼ばれる粒子がいったいどれくらいの密度で存在しているか（バリオン密度）、それから、あとでくわしく説明しますが、この宇宙には暗黒物質やダークマターと呼ばれるものがどれくらい存在しているか、というものもあります。こうした数値を入れてやると、この曲線が描けるのです。

そして観測と理論上の予言がこれほど合致するなら、観測された数値に合わせて曲線を上下に動かせば、バリオン密度やダークマターの量といったパラメーターの値も決まってくることになります。たとえば宇宙の年齢も、こうしたパラメーターを決めることでわかってくるのです。実際にその計算をやってみると、宇宙の年齢は約１３７億年という答えが出ました。こうしたことまで、マイクロ波の凸凹を見ることでわかってくるのです。

宇宙の年齢を求めて

少し息抜きをしましょう。17世紀半ばにアイルランドのジェームズ・アッシャーという司教が、宇宙の年齢を計算しました。彼は聖書に書かれたさまざまな出来事（ノアの洪水、アレキサンダー大王の死、キリスト誕生など）をもとに、この世界（宇宙）が創生されてから何年経ったかを推定していったのです。それによると、宇宙は紀元前４００４年に神によって創生されたのだそうです。10月23日の午前9時というところまでわかっているというからすごいですね。

その方法はともかく、この司教が宇宙のはじまりということに興味を持ち、それを一生懸命に探究しようとしたことはすばらしいと思います。このように多様な人たちが、多様な立場から宇宙の年齢を探ろうとしてきました。生物学的に、生物の進化の過程をさかのぼるとどのくらいになるかとか、太陽が燃え尽きるのはいつごろになるかとか、多様な方法で宇宙の年齢が計算されています。しかし、現在の理論や観測の成果からわかってきた１３７億年という年齢に比べると、多くの場合、非常に短いものになっていました。

これまでの研究からわかってきたのは、現在の宇宙の構造は、インフレーションが仕込んだと

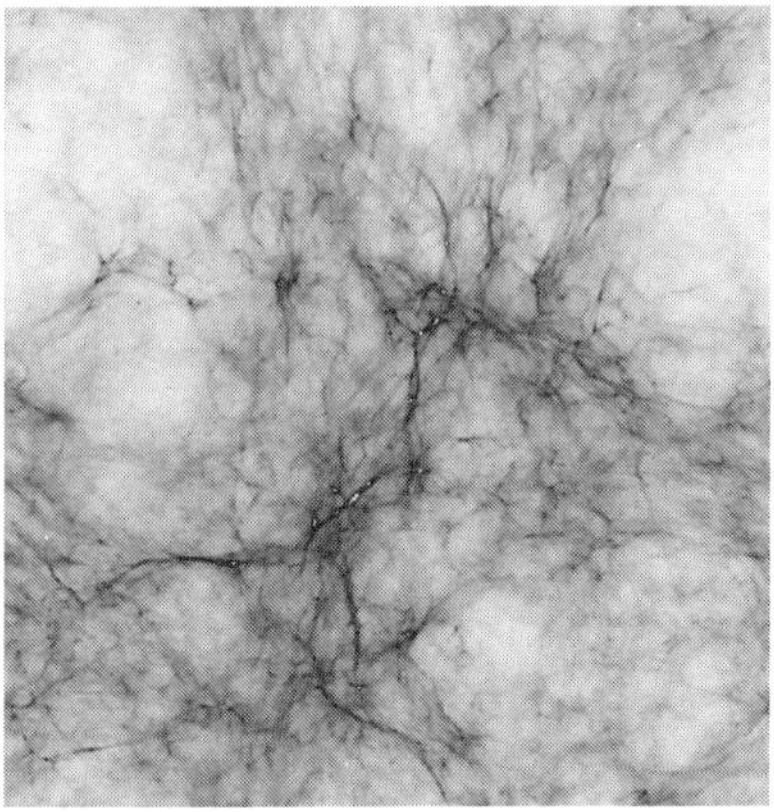

宇宙誕生から約3億年後、わずかな物質のゆらぎが成長して最初の星が誕生する頃のガスの分布。中央やや下あたりに「星のゆりかご」となる分子ガス雲ができあがっている。画像の1辺の長さはおよそ10万光年

誕生した星が、暗黒の宇宙に最初の光を放ったときの様子。10万度近い温度となった星の表面から放たれた光が周囲の電子をたたき出し、宇宙空間を温めていく

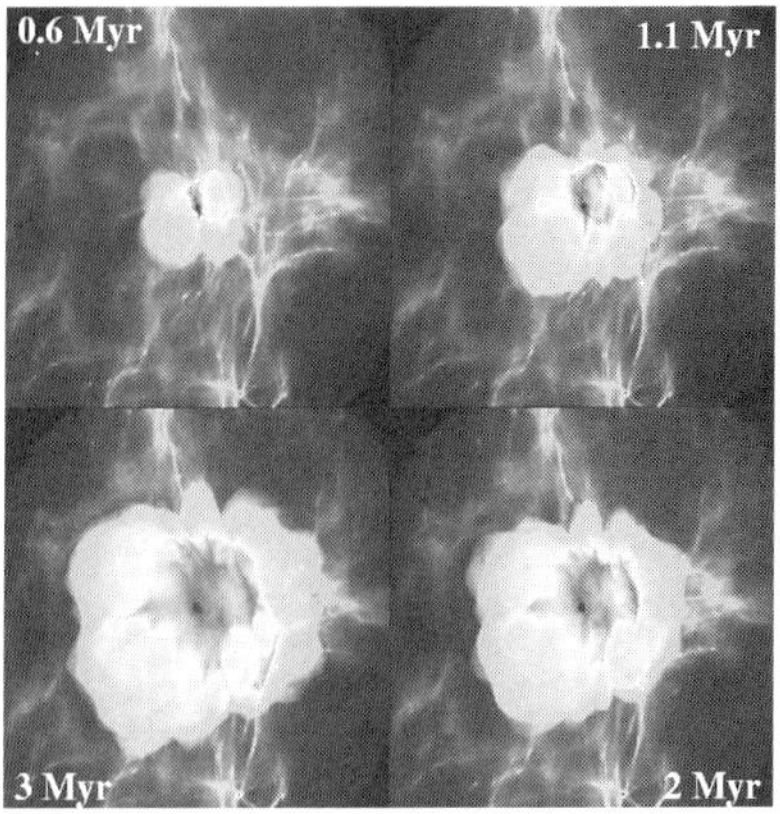

図3―9　東京大学数物連携宇宙研究機構がスーパーコンピュータを用いてシミュレーションした宇宙初期の姿
（提供／東京大学数物連携宇宙研究機構 吉田直紀氏）

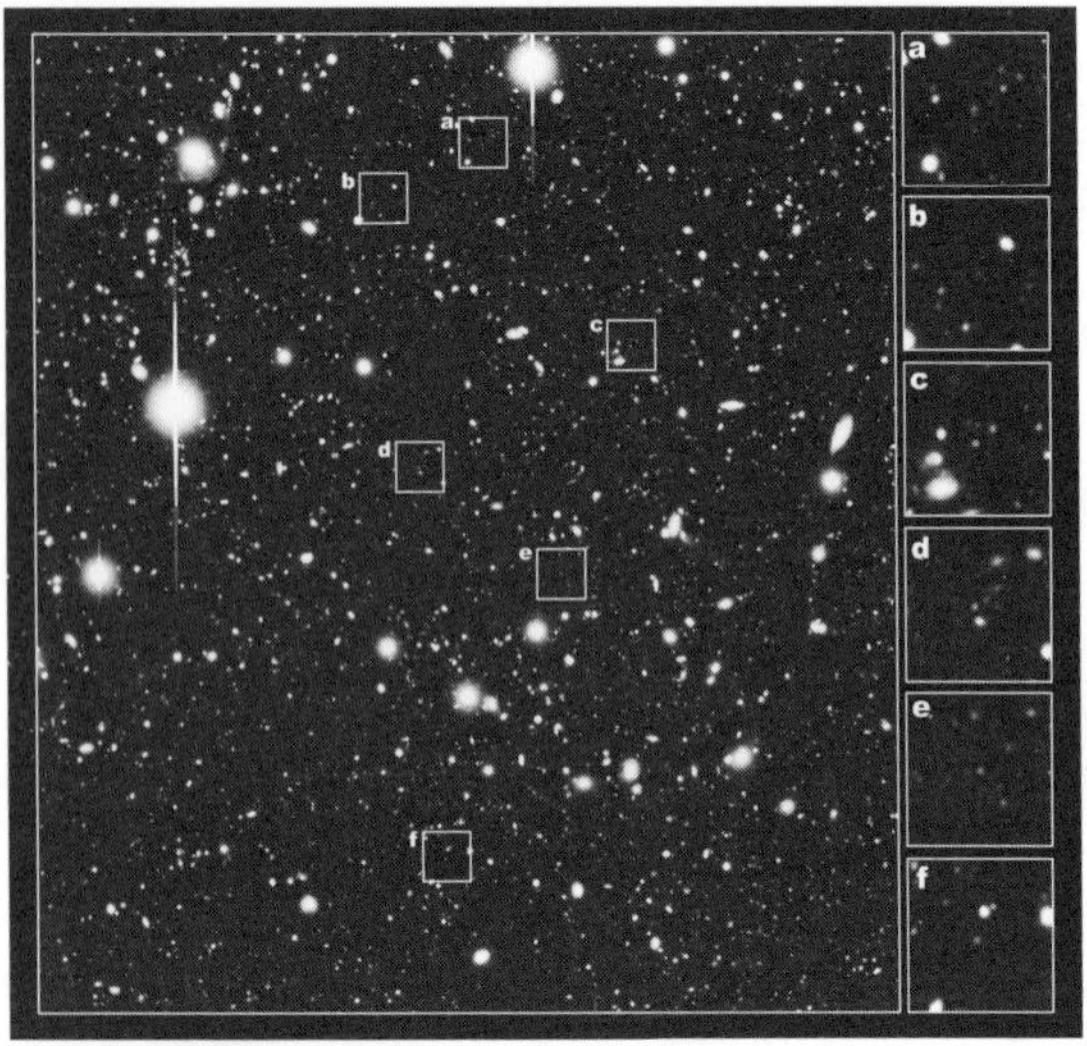

図3—10　すばる望遠鏡が発見した最遠方の銀河IOK－1。a〜fの6つの四角い囲みの中央にある、薄い灰色の小さな点が発見された銀河（提供／国立天文台）

いわれる凸凹の成長でうまく説明できるということ、銀河や銀河団の構造や、もっと大きな構造であるグレートウォールについてもうまく説明できるということです。ここからさらに、たとえばCOBEの観測した宇宙の凸凹を計算機にインプットすれば、宇宙や星ができてくる様子をシミュレーションできるのではないかという発想も生まれ、実際に多様な計算が行われています。私も籍を置いた東京大学数物連携宇宙研究機構でも、宇宙で最初に星が生まれたときのシミュレーションが行われています（図3—9）。

また同時に、観測的な研究も非常に進んできています。図3—10に示したのは、ハワイのマウナケア山頂にある日本のすばる望遠鏡が発見した、宇宙で最も遠方にある銀河の画像です。この銀河の赤方偏移の数値が、$Z=7$とされていますから、もともと出たと思われる光が8倍まで引き伸ばされています。つまり、宇宙の大きさが現在の8分の1であった頃に生まれた銀河ということになります。時期としてはいまから129億年近く前になります。2006年に発見され、「IOK-1」という名前がつけられました。最遠方の銀河や天体を発見しようという観測も、いまここまで進んでいるのです。

いま宇宙論は「はじまりの終わり」を迎えたばかり

この本の最初に紹介した一般相対性理論が誕生してから、わずか100年ほどの間に、宇宙の誕生から現在のように発展するまでのしくみを、物理学はみごとに明らかにしてきたものだと思います。私もこの歳になり、本当にすばらしい時代がきたと、つねづね感じています。

ただし、注意をしなければならないことがあります。誰しも研究者というものは、自分が現役を退く最終講義では「私がやってきた分野の研究は、完全にとまではいかないが、本質的には理解できた」と言いたくなるものです。しかし、こう言ってしまうと「もう新たに解明すべきことはないのか」と、その分野で新たに学者になろうとする人が失望してしまいます。だから、これは絶対に口にしてはいけないことだと思います。私自身は、2009年の3月に東京大学を定年退官しましたが、その際には、決してこのようなことは言うまいと決め、むしろ逆のことを申し上げました。

「いま、宇宙論は初めて軌道に乗ったところであり、これからどんどんやるべきことがあるのだ」と。実は、イギリスの天文学者であるジョセフ・シルク（1942〜）という人も、同じようなことを言っています。「COBEやWMAP、すばる望遠鏡の仕事は確かにすばらしい。しかし、宇宙論は決して終わったのではない。その『はじまりの段階』が終わったのだ。これからますます内容が豊富になり、誕生直後の銀河が見え、どんどん肉付けがされていくのだ」と話したのです。

シルクのこの話は、イギリスの首相であったウィンストン・チャーチル（1874〜1965）の演説を下敷きにしたものです。チャーチルという人は名言集ができるほど非常に多くの名言を残していますが、第二次世界大戦中にエル・アラメインで、イギリスがドイツに対して勝利を手にした直後に、将校たちを前にこう演説したのです。

“This is not the end. It is not even the beginning of the end. But it is, perhaps, the end of the beginning.”

「これは（戦いの）終わりではない。終わりのはじまりでもない。はじまりの終わりなのだ」

将校たちの気持ちを引き締めようとしたチャーチルの言葉を借りてシルクは、若い人たちに頑張ってもらいたいという思いを込めたわけです。

このチャーチルの言葉はなかなかいい、使える言葉だと思いますので、読者の方々も覚えておかれてはいかがでしょうか。

新たな謎のはじまり

科学においては、どれだけ理論的、観測的な発見があっても、それでもう探究すべきことがなくなるということは決してありません。私たちが知っている「知」の領域を球にたとえれば、知っている領域が増えていけば「知」の球はどんどん大きくなっていきます。しかし同時に、知っている領域である球と、知らない領域である球の外の境界、すなわち球の表面積も、どんどん大きくなっていきます。フロンティアというものは、いくらでも広がっていくのです。大切なのは、何か新たなことを知れば、逆に、自分は知らないのだということを発見することです。それによって、また科学は進んでいくのです。これからお話しするのは、まさにそういうことです。

いま宇宙論の世界で大きな謎になっているのが、私たちの住む宇宙には2種類の「不思議なもの」があるということです。そのひとつが、ダークマター（dark matter）であり、もうひとつ

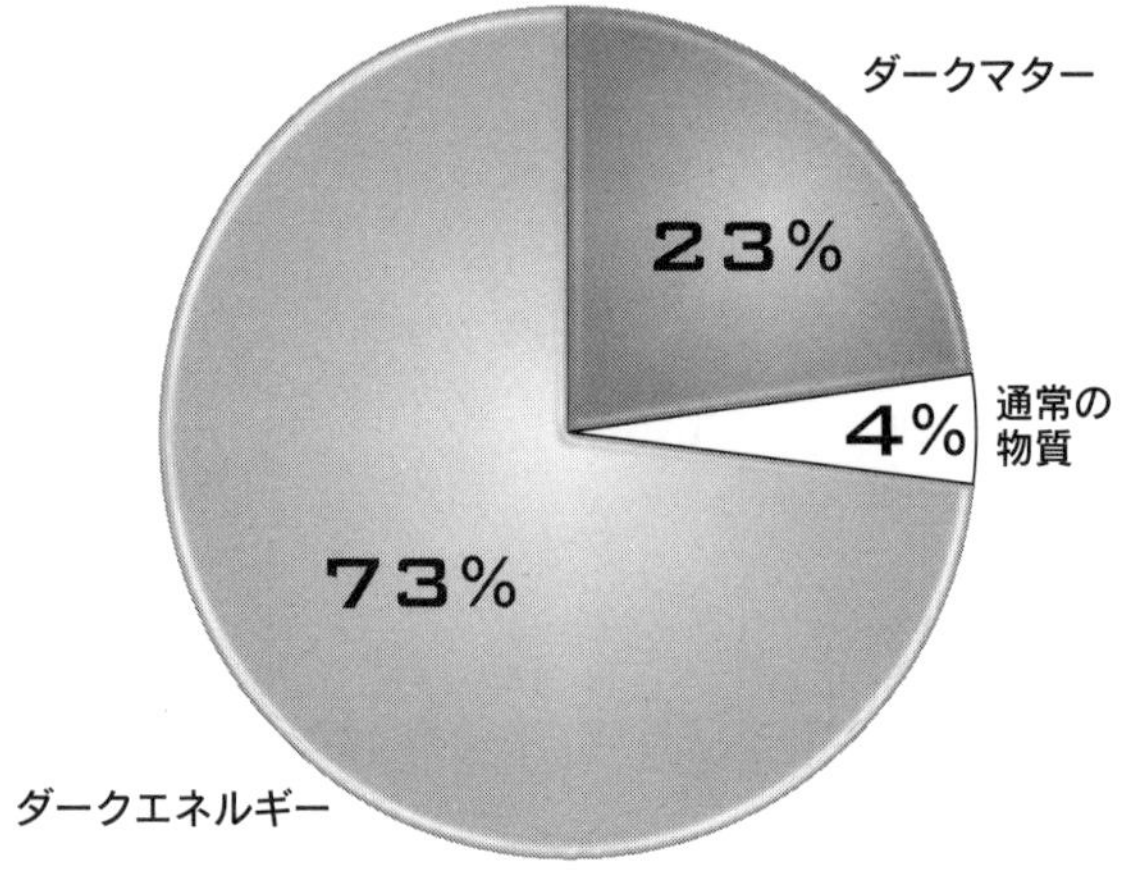

図3—11　宇宙の主要な構成要素の正体はまったく不明である

がダークエネルギー（dark energy）といわれるものです。

いまから、20～30年前には、そのようなものがあるとは誰も考えていませんでした。これは、何もわかっていなかったということではありません。真理には階層性があるということです。何かを知ることによって、より深い真理を知ることができる。そして、その真理を探究することによって、また新たな謎が見えてくる。そのようにして謎を解明することによって、より階層の高い真理に到達することができるわけです。

そういう意味からも、いま見えている大きな謎であるダークマターやダークエネルギーについて、みなさんにも知っておいていただきたいと思います。

すでに多くの本に書かれているのでご存じの方も多いかもしれませんが、私たちの宇宙を平均的に見たときに、私たちの体や、星などを構成している通常の物質は全体の4％ほどでしかありませせん。そのほかは、ダークマターと呼ばれる、銀河や銀河団を満たしているよくわからない物質が23％、そして残りの73％が、宇宙全体を満たしているダークエネルギーと呼ばれる正体不明のものであると考えられています（図3―11）。このエネルギーはどこかに偏って存在するのではなく、宇宙全体に一様に存在すると考えられます。のちほどくわしく述べますが、このダークエネルギーは、量的にははるかに小さいものの、インフレーションを起こした真空のエネルギーと同じ類のものであろうと私は考えています。

宇宙の構造をつくるダークマター

では、まずダークマターのほうから考えていきましょう。

歴史をひも解いてみればおそらく、そのような物質があるのではないかと気づいていた人もいたと思いますが、実はダークマターの存在は、きわめて専門的なことをきっかけに明らかになってきました。

私たちの太陽系がある天の川銀河のような、渦巻き銀河を真上から見たとしましょう。この円盤状の銀河の中で、それぞれの星は互いの重力によって、ケプラー運動と呼ばれる楕円運動をしています。通常、銀河において多くの星は中心付近に集中していますから、中心から離れている星ほど重力の影響が弱くなり、その運動速度は遅くなるはずです。

このことは大きな銀河ではなく、より身近な太陽系に置き換えてみればわかりやすいかもしれません。太陽系においても、太陽に近い地球は1年をかけて太陽の周囲を回って（ケプラー運動をして）いますが、より遠方にある木星や土星は、何十年もかけて太陽の周りを回っています。これは、太陽系の質量のほとんどが、中心に位置する太陽に偏っているからです。

ところが、渦巻き銀河における星の運動速度を測定してみますと、なんと実際には一定か、むしろ、外側のほうが速い速度で回っているということがわかったのです。これはいったいなぜなのでしょうか？

この事実を説明できる理由を考えると、銀河の質量は中心に偏って存在しているのではなく、銀河の周囲全体に、われわれには見えないけれども、何らかの物質が存在しているということになります。銀河の中心にある星などの質量よりも、周囲に何か見えない物質があって、その質量のほうが大きいために、外側のほうが運動速度が速くなっているとしか考えられないのです（図3—12）。

図３—12　何者かが銀河の外側を押している

この見えない物質が、ダークマターと呼ばれるものです。荒っぽい言い方をすれば、少なくとも、見えている星の10倍くらいの質量を持ったダークマターが銀河を覆うように存在していると考えられ、それが重力によって星を引きつけて運動させているらしいのです。そのような謎の物質が、宇宙には大量にあると考えられます。その物質に比べれば、星やわれわれの体を構成している物質は、ごくマイナーなものなのです。

星や銀河の生成も、それらをつくる物質が重力によって固まったのではなく、むしろダークマターが固まったときに、その重力によって物質が引きず

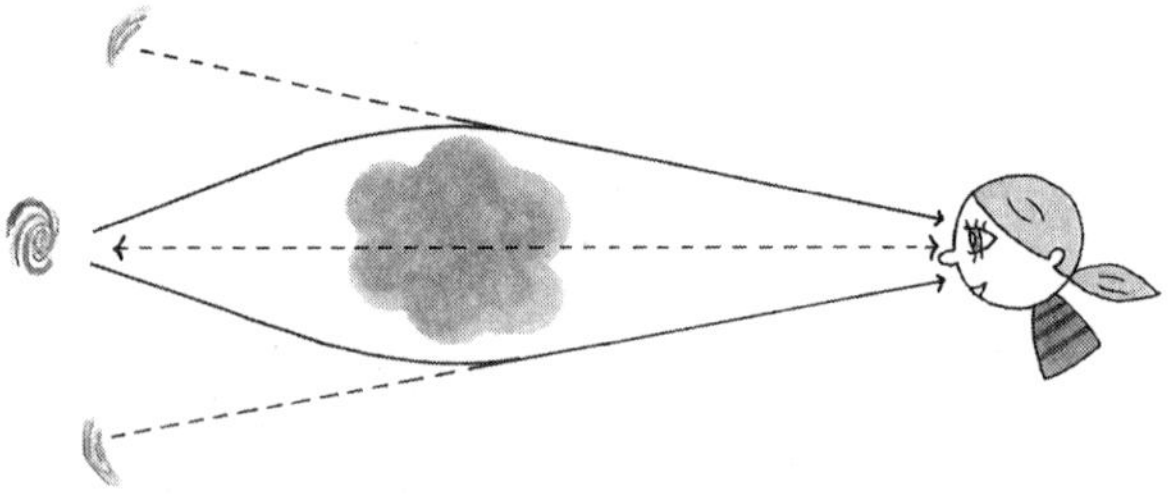

図3—13　重力レンズのしくみ。曲がって届く光の延長上に銀河が見える

られてできたのだろうと考えるべきなのです。ダークマターはこうして銀河の構造をつくっているばかりでなく、最近では、銀河と銀河の間にも多くのダークマターが存在していて、銀河団、あるいはグレートウォールのような大規模構造をつくっていることがわかってきました。

見えないダークマターを探し出すために、「重力レンズ」というものを使った方法が２０００年頃から開発されました。これは、一般相対性理論によって示されている大きな重力によって光が曲げられる現象を利用して、光らないけれども存在するダークマターを見つけ出す方法です。

重力レンズとは、具体的には次のようなものです。

私たちの地球から、遠方の銀河を観測するとします。その銀河から出た光が、まっすぐ地球に届くだけなら、銀河がある方向にその銀河が見えるだけです。しかし、その銀河と地球の間にダークマターがあると、ダークマターの重力に曲げられて、銀河から地球とは別の方向に出た光も地球に届きます（図3—

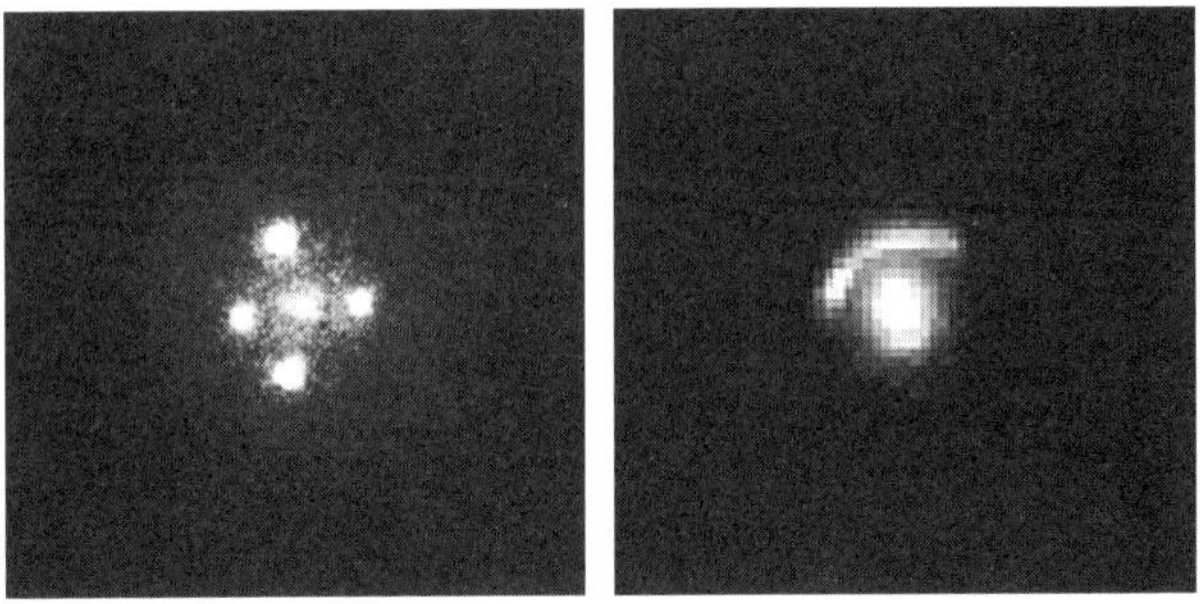

図3―14　重力レンズ効果。右がアーク。左は「アインシュタインの十字」と呼ばれる、同じ銀河が上下左右に見えているもの。見え方の違いは、銀河、ダークマター、地球の位置関係による
（提供／NASA）

13）。すると、銀河は引き伸ばされて歪んだような「アーク」（弓）と呼ばれる形に見えたり、別の場所に同じ銀河が複数存在しているように見えたりするのです（図3―14）。

このような重力レンズの観測を宇宙の広範囲にわたって行い、どこで、どのように光が曲げられているかというたくさんのデータをとり、それをコンピュータで再構築することによって、ダークマターがどこに、どのように存在しているかが明らかになってきました。ちょうど病院でCT（コンピュータトモグラフィー）によって体を何層にも輪切りにしながら見ていくのと同じ方法で、50億光年遠方の銀河、60億光年遠方の銀河と何層にもわたって観測していくことで、銀河や銀河団の間に存在しているダークマターの姿が立体的にわかるようになってきたのです。これはなかなかすばらしいことです（図3―15）。

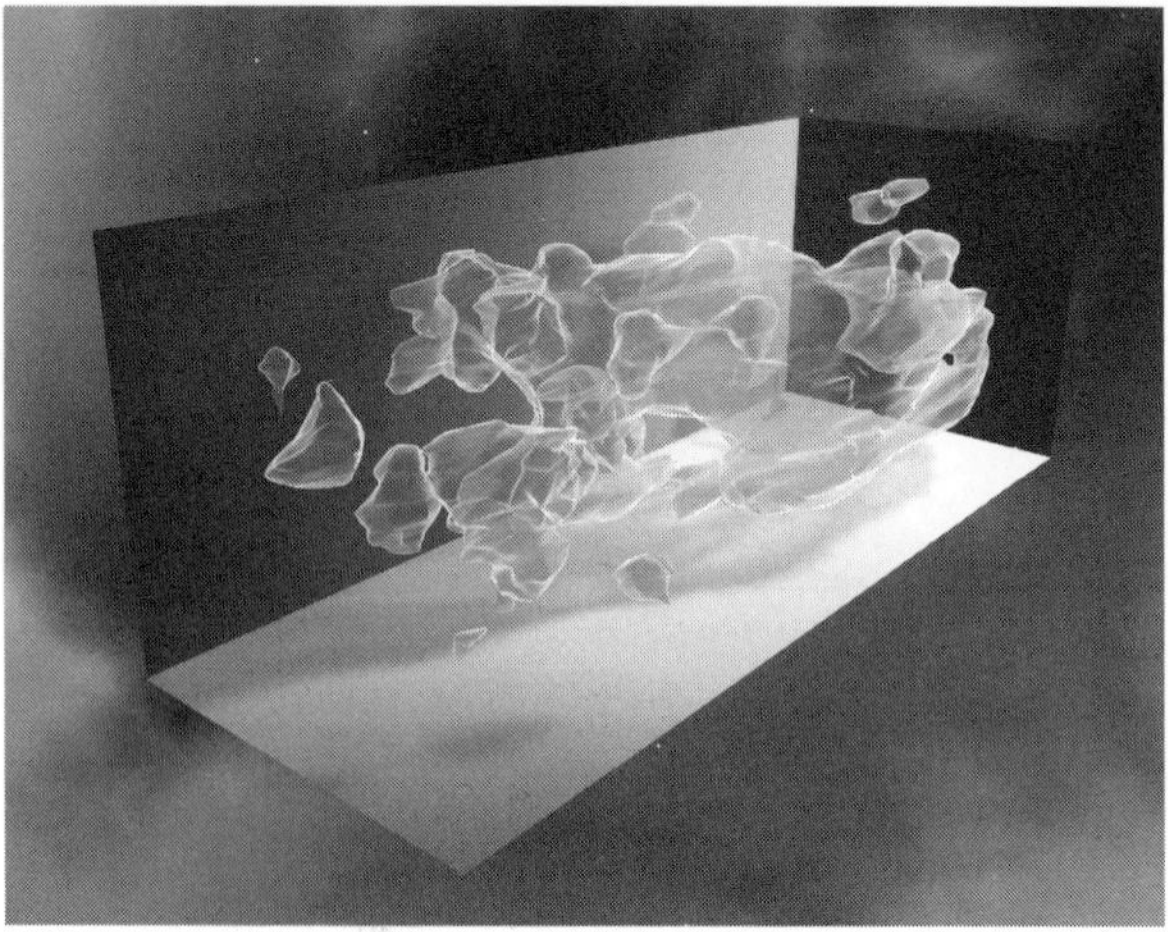

図3―15　ダークマターの3次元分布
（提供／NASA, ESA and R. Massey）

7 ダークマターの正体は？

では、このダークマターとはいったい何なのか、ということになります。

これまででいちばん有力な候補と見られていたのは、重さのある素粒子のニュートリノです。岐阜県の神岡鉱山跡にあるスーパーカミオカンデの観測結果によって、1998年にニュートリノに重さがあることが証明されました。しかし残念ながら、その質量はダークマターであるために必要な質量の数十分の1程度でしかなく、ニュートリノだけではダークマターは説明できないことがわかりました。

余談ですが、スーパーカミオカンデがこの

発見をしたとき、日本の総理大臣は何も話をしていませんが、アメリカのクリントン大統領（当時）は、スーパーカミオカンデがニュートリノに質量があるのを発見したことを談話で話しています。もちろん、この研究に参加しているアメリカの研究チームを讃《たた》える意味もあったと思いますが、国のトップが談話でとりあげたわけです。

さて、ニュートリノに代わるダークマターの候補ですが、現在では、ニュートラリーノなどの素粒子が有力な候補として考えられています。ＣＥＲＮ（欧州原子核研究機構）がスイスのジュネーブ郊外に造ったＬＨＣ（Large Hadron Collider＝大型ハドロン加速器）が２００９年11月から本格的な稼働を開始しましたが、その実験によって確認されることになるかもしれません。

このＬＨＣは、地下１００メートルほどのところに穴を掘って造られた、東京の山手線一周ほどの巨大な周回加速装置です。素粒子（ＬＨＣでは陽子）を光速に近いものすごい速さにまで加速し、正面衝突させるという、何千億円もかかるほど大がかりなものなので、当初、独自に同様の装置をつくろうとしていたアメリカもそれを断念し、結局はスイスにあるこの世界で１台の装置に、世界中から素粒子の研究者が集まって研究を行っています（↓154ページ）。

このような素粒子のほかにダークマターの候補としては、ほかの膜宇宙にある物質が重力的な影響を及ぼしているのではないかというホーキングの仮説もあります（私は少し怪しいと思っていますが）。

図3―16　ホーキングのダークマター仮説。隣接する膜宇宙の物質から重力の影響が及ぶ

その考え方を説明しますと、天の川銀河の外側にある星が速く運動しているのは、私たちの宇宙の隣の宇宙にある物質が影響を及ぼしているからではないかというのです（図3―16）。これは、私たちの宇宙のほかにも隣接する宇宙が存在するという「膜宇宙論」の考え方を採り入れたものです。膜宇宙論においては、隣の膜宇宙から重力だけは働きます。その影響によって、ダークマターが存在するように見えるのではないかというのです。あの世とも言えるような別の世界（膜宇宙）から力が及んでくるというのですから、面白い話です。だからと言って、死んでも決してその別世界に行けるわけではありませんが。

膜宇宙のことはあとでまたくわしく説明

しますが、ひとつの楽しいお話として読んでいただければけっこうです。

ダークエネルギーはなぜ発見されたか

ダークマターの次は、ダークエネルギーです。これは宇宙全体を一様に満たしている正体不明のエネルギーで、発見されたのは１９９８年のことでした。

ダークエネルギーの存在がわかったのは、コンピュータテクノロジーと、観測技術が進歩した成果と言えるでしょう。観測技術とは具体的には、可能なかぎり遠くの超新星を観測して、宇宙の膨張速度を精密に測定する方法です。

超新星とは、太陽の3倍以上の大きな質量を持ち、その最後に大爆発を起こした星のことです。超新星（爆発）にはいろいろなタイプがありますが、この場合、観測されるのはIa型というタイプのものです。Ia型の明るさはどの超新星でも絶対光度が同じなので、宇宙の標準光源となっています。観測したい超新星が暗ければ遠く、明るければ近い、というように距離がわかるのです。

このIa型超新星がある銀河からの光を観測し、赤方偏移を測れば、それぞれの銀河がどのくらい速く遠ざかっているかが比較できます。そこから、宇宙はどのくらいの速度で膨張しているのかを測定しようという試みが、20世紀の終わりになってなされるようになったのです。

ローレンス・バークレイ国立研究所のパーミュッタ（1959〜）も、その一人です。彼は毎晩毎晩、超新星を探すために同じ領域を観測し、明るさが変化している天体を探していきました。明るさが変わる天体には超新星以外にも、変光星や、近隣で惑星が動くような場合もあり、見分けるのは大変ですから、作業は人が写真を比較するのではなく、コンピュータ上のデータで比較していきます。そして1998年にパーミュッタは、現在の宇宙が、緩やかながらも再び、加速膨張をしていることを発見したのです。加速度があるということは、なんらかのエネルギーが宇宙の膨張を加速しているということです。しかし、それがどのようなエネルギーなのかはわかりません。そこで、宇宙には正体不明のエネルギーがあると発表したわけです。

当時の報道はこの発見を、真空のエネルギーが宇宙を満たしていることがわかった、と伝えました。真空のエネルギーとは先に説明した通り、宇宙を押し広げる力で、数学的にはアインシュタインの宇宙定数と同じ意味を持っています。真空のエネルギー（ρ_v）は、光の速さ（c）と重力定数（G）を使うと、宇宙定数（Λ）に直すことができるからです。そこで新聞では、「アインシュタインがもういらないと捨てた宇宙定数が復活した」とも報道されたのです。

このようにダークエネルギーの発見は、観測におけるコンピュータテクノロジーの進歩によってもたらされました。そして、一般的にはこの発見によって、アインシュタインの宇宙定数が20

世紀末に復活したといわれるようになったのです。

「第2のインフレーション」が起きていた

さて、ここで話を整理しておきましょう。

インフレーション理論にもとづく宇宙誕生のシナリオでは、宇宙のはじまりには、まずインフレーションと呼ばれる指数関数的な加速膨張がありました。これは、真空のエネルギーが空間を押し広げる力によって起こったものでした。やがて相転移が起きたことによって、真空のエネルギーは熱エネルギーに変換されました。実はここで、真空のエネルギーはほとんどゼロになったと思われていました。その後も宇宙は膨張を続けていますが、これはいわば慣性によるもので、膨張速度は次第に減速すると思われていたのです。

ところが、パーミュッタの発見によって宇宙は再び、加速膨張に転じていることがわかりました。真空のエネルギーは、実際にはどうもわずかに残っていたようなのです。わずかに残った真空のエネルギーによって、宇宙はいま「第2のインフレーション」とも呼べる加速膨張を起こしているのです。

ただし、「真空のエネルギー」という言葉は数年前から使わなくなり、現在は「ダークエネルギー」のほうが使われるようになっています。これは、ダークマターと対になって出てきた言葉で、エネルギー的に「ダーク」（不明）だということです。

しかしほかにも、「ダークエネルギー」と呼ばれるようになった理由があります。このエネルギーは、時間的に変化するのではないかという説があるのです（私自身は一定のものだと思っていますが）。また、空間的にはほとんど一様であることがわかっていますが、多少の凸凹があるのではないかという説もあり、いろいろ可能性があるのだから「ダーク」としておいたほうがいいだろうということになったのです。

現在、この宇宙を満たしているダークエネルギーの値自体は非常にわずかなもので、宇宙の初期にインフレーションを起こした真空のエネルギーに比べると、100桁くらい小さくなります。それでも、普通の物質の総量よりはるかに大きく、ダークマターと比べても3倍以上になります（↓106ページの図3―11）。

膨張の速度を比べれば、137億年前の宇宙初期のインフレーションでは10のマイナス36乗秒ごとに倍になるという、すさまじい速さの倍々ゲームで宇宙は大きくなっていきました。それに比べ、第2のインフレーションによる宇宙の膨張速度は、100億年程度で倍になるといったごく緩やかなものです。とはいえ倍々ゲームの加速膨張であることに違いはありません（図3―17）。観測によれば、第2のインフレーションは60億年ほど前に始まったと考えられています。

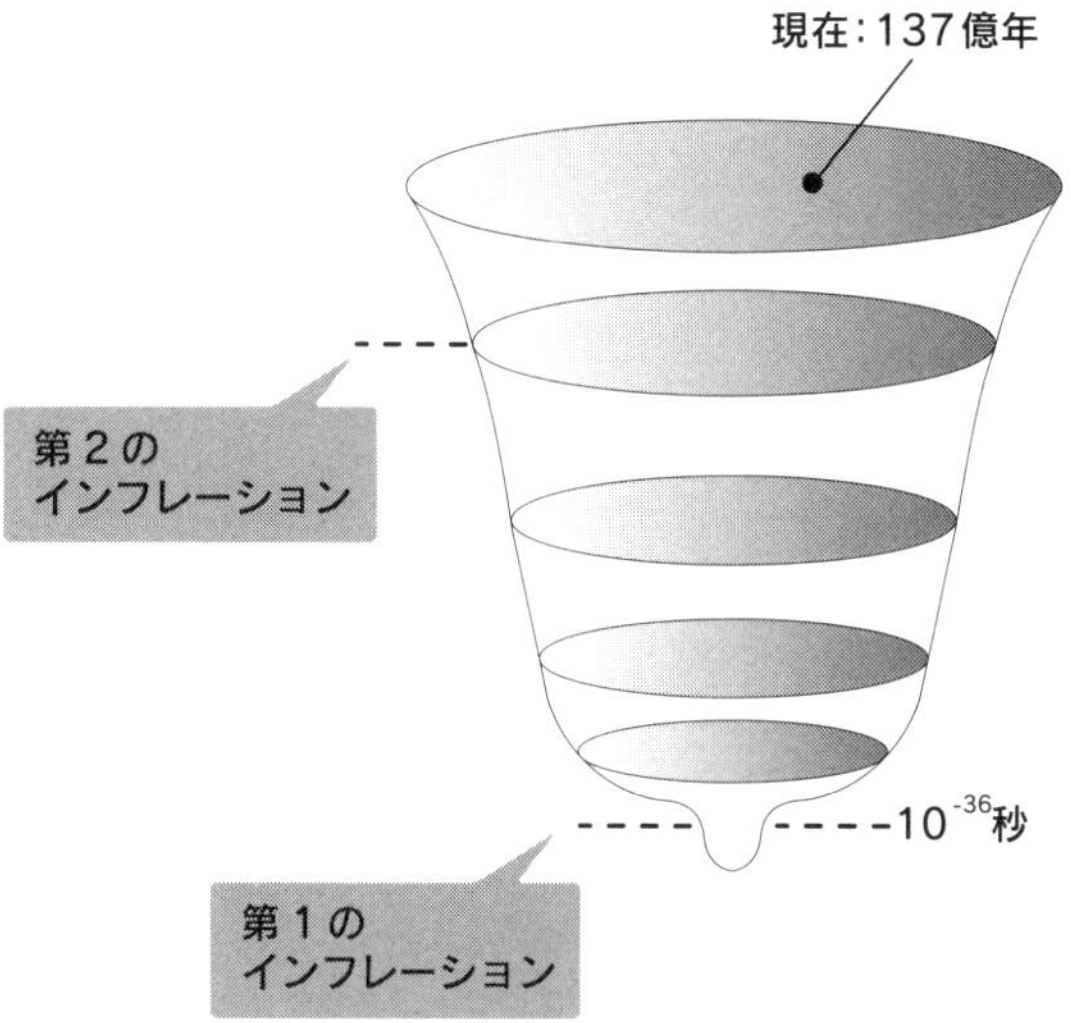

図3―17　2つのインフレーション

ダークエネルギーの発見と並行して、「空っぽの空間がエネルギーを持っている」とはどういうことなのか、いろいろなところで検討がなされました。そのなかから実際に行われた、空っぽに見える空間がエネルギーを持っていることを立証した実験を紹介しましょう。

この実験は、真空状態の空間に、2枚の金属板を非常に近づけた状態で置くというものです。実は、真空のエネルギーに関する理論では、金属の板の間にはさまれた真空の状態は、周囲に比べてエネルギー状態が下がっているということが予言されています。これによって、2枚の金属板は互いに引き合うということが予測されます。実際に金属板の距離を1マイクロメートル

（1000分の1㎜）よりも小さな値に設定して引き合う力を測り、その後、さらに金属板を近づけてみると、距離が近づくほど金属板は強く引き合うことがわかりました。つまり理論的な予測と一致したのです。

真空のエネルギーの絶対的な値まではこの実験ではわかりませんでしたが、金属の間にはさまれた真空と、そうではない真空では、エネルギーの値に相対的な違いがあることは確かめられました。この実験により、「真空のエネルギー」というものが存在するという概念自体は間違っていないことが示されたのです。

ダークエネルギーが問いかける「偶然性問題」

ここまでのダークエネルギー（＝真空のエネルギー）についての話には、読者のみなさんが不思議に思われることが少なくないと思います。おそらくその一つは、宇宙全体で現在、ダークエネルギーのほうが通常の物質よりもはるかに多いということではないでしょうか。一度はほとんどなくなったはずなのに、なぜいまになってダークエネルギーがそんなに多くなってしまったのか、というのは当然の疑問です。

この問題については、こう考えられます。

私たちが知る通常の物質ならば、量は変化しませんから、空間が膨張すれば、その中での密度は薄まっていきます。体積が１００倍になれば密度は１００分の1になります。それに対し、ダークエネルギーは空間自体が持つ真空のエネルギーですから、宇宙が膨張しても密度が薄まることはありません。前にゴムにたとえて説明したように、宇宙の膨張に比例して、宇宙が10倍になればエネルギーの量も10倍に、１００倍になれば１００倍に増えていきます。

最初のインフレーションのとき、真空のエネルギーは相転移によってすべて熱エネルギーになったと考えられていましたが、しかし、実はかすかに残っていた。残った量はごくわずかなものだったでしょうが、真空のエネルギーは薄まらないエネルギーですから、宇宙が膨張するにつれて、その密度は一定でも相対的にその量は増え続けたのでしょう。やがて60億年ほどがたち、その総量は通常の物質よりも多くなり、宇宙で最も大きなエネルギーになったと考えられるのです。

エネルギー量の問題はこうしてひとまず解決するのですが、実は、ダークエネルギーにはさらに不思議な話があります。

それは、なぜ約60億年前というこの時期に、第2のインフレーションが始まったのか、という問題です。「この時期」とはどういうことかと言いますと、人類という知的生命体が宇宙に誕生するのにちょうどよい時期に、という意味です。

もし第2のインフレーションの開始が早すぎたら、宇宙にある水素やヘリウムといったガスは固まることなく拡散し、天体が形成されなかったでしょう。天体が形成されなければ生命が誕生することもなく、当然、人類という知的生命体が宇宙に出現することもありえません。137億年という宇宙の長い歴史の中で、第2のインフレーションは偶然にも、人類が出現するのにちょうどよい約60億年前という時期に始まったのです。いったいそれはなぜなのか、これが多くの研究者の頭を悩ませている「偶然性問題」です。

と言われてもみなさんは、10年、100年ならともかく60億年とはあまりにも数が大きすぎて、べつに驚くほどの偶然ではないだろうと思われるかもしれませんね。

第2のインフレーションが始まる時期は、宇宙初期の第1のインフレーションのあとに真空のエネルギーがどれだけ残っていたかで決まります。そして残った真空のエネルギーの密度が1桁でも多ければ（10倍）、開始時期が早すぎて人類は生まれなかったと考えられます。1桁違えば大違いのようですが、理論物理学者たちは、真空のエネルギーというものを理論的に考えれば、残った真空のエネルギーの密度はいまの値より100桁大きくてもおかしくない、いやむしろ理論的にはそのほうが自然なのに、なぜこんなに小さいのだ、と不思議がっているのです。そのようなスケールで見たとき、わずか1桁の違いもないというのは実に驚くべきことです。私は1桁どころか3倍あるいは2倍でも、人類の出現は難しかったのではないかと思っています。それほど絶妙に条件が整っていたから、人類がこの宇宙に生まれたのです。

真空のエネルギーの密度がそのような絶妙な値になるということは、アインシュタイン方程式の宇宙定数にあてはまる数値が、絶妙な値だったということになります。ではいったいなぜ、どのようにして、そのような値に決まったのでしょうか？

みなさんにも研究者たちが悩んでいる理由がこれでおわかりいただけたと思いますが、電弱統一理論を完成したスティーヴン・ワインバーグは、この偶然性問題は「人間原理」という考え方でしか説明できないのではないかと言っています。

あとで章を改めて説明しますが、インフレーション理論は、「マルチバース」（＝多数の宇宙）という新しい宇宙の描像を描き出しました。インフレーションが起こる過程で、宇宙は「子宇宙」「孫宇宙」と、たくさんの宇宙が成立してくる、という考え方です。ワインバーグもまた、「宇宙には多様な真空のエネルギーの値を持った宇宙があっていい。しかし、知的生命体が生まれる宇宙というのは、それらの宇宙の中の、きわめてわずかな一つである。その知的生命体が認識する真空のエネルギーの値は、知的生命体が存在するのに都合のいい、現在の宇宙のような値になると思われる」

と述べているのです。

つまり、「なぜ宇宙定数がこのような値になっているのだろうか？」という問いに対しては、

「われわれは知的生命体が生まれるべき宇宙に住んでいるからそういう値になるのだ」と答えるしかないというのです。わかったような、わからないような説明だと思いますが、それがワインバーグの言う人間原理なのです。

マルチバース、それから人間原理についてはのちほどまたお話ししますので、いまはこのへんにしておきましょう。

第4章 インフレーションが予測する宇宙の未来

私たちはわずか100年後の人類の未来もわからないのに、1000億年後のことなどを考えて何の意味があるのかと思われるかもしれません。しかし、知的好奇心をくすぐられる楽しい話ではないかと私は思います。

（本文より）

宇宙の未来予測は「科学ではない」

さて、現在、宇宙は第2のインフレーションと呼ばれる加速膨張をしていることが観測的に確認されていますが、そのような宇宙の未来がいったいどうなるのかは、私たちにとって大いに気になるところです。

しかし宇宙の未来について、理論的にいろいろと考えることは可能なのですが、現実にはそのようなことが書かれた科学の論文はほとんどありません。せっかく論文を書いても、それが正しいかどうかを確かめることが絶対にできないからです。2年後、5年後、あるいはもう少し先の50年後に起こることなら、自分で、あるいは子どもや孫が確かめることができますが、なにしろ議論されるのは100億年後、あるいは1000億年後のことです。内容の正しさを確かめることなど絶対に不可能ですし、確かめられなければ、それは科学ではなく単なるお話にすぎませんから、論文としての価値は認められないのです。

ですからこれから説明することも、単なるお話であって、科学ではないということを踏まえて読み進めてください。

1000億年後は「ハーシェルの島宇宙」

まず手始めに、私たちが住んでいる銀河はどうなるのかを考えてみましょう。

いまからだいたい50億年程度たちますと、私たちの天の川銀河は、近傍の銀河と衝突・合体をします。具体的には、いちばん近くにあるアンドロメダ銀河と衝突・合体するわけです。

これは宇宙の加速膨張とは関係ありません。アンドロメダ銀河と、天の川銀河は、これまで互いの重力でペアになって回ってきていて、過去にもニアミスをしたことがあるのです。それがあと50億年ほどすると衝突して合体するわけです。さらに、周辺にある、さんかく座銀河や大マゼラン雲、小マゼラン雲などの複数の小さな銀河も合体し、巨大な超銀河になっていきます。

衝突して一つになったら銀河の中の星はどうなるのか、心配な気もしますが、巨大銀河の中でも、星は依然として輝いているでしょう。太陽は寿命が尽きる頃ですが、太陽より質量が小さい星は、さらに100億年、200億年という長い寿命を持っていますので、元気に輝いているはずです。

しかし、宇宙の加速膨張がどんどん進んでいるため、巨大銀河の外の、遠くにある多くの銀河は、どんどん離れていってしまいます。おとめ座にあるM87(距離6000万光年)や、くじら座のM77（距離4700万光年）など、ほとんどの銀河が離れていき、たちまち見えなくなってしまうのです。

宇宙が加速ではなく減速しながら膨張している場合は、それまで見えなかった遠方の宇宙がどんどん見えるようになります。それに対し、加速膨張している宇宙では、私たちから見て遠方にある宇宙ほど、どんどん加速し、光の速度よりも速く離れていくようになります。そのため、いままで見えていた遠方の銀河が、急激に見えなくなってしまうのです。

過去の宇宙論では、宇宙の膨張は減速していると考えられていたため、私たちの子孫は私たちよりも、もっと広い宇宙を見ることができると考えられていました。しかし、いま起こっている第2のインフレーション、すなわち加速膨張が続くならば、私たちの子孫はほんの近くの宇宙しか見ることができなくなります。そして、もし1000億年後、私たちの子孫が生きていたら、彼らが見る宇宙は、アンドロメダ銀河などと合体しておそらくは楕円状になっている、私たちの銀河だけです。その外には、いっさい何も見えなくなってしまうのです。

考えてみればこのような宇宙は、百数十年ほど前の人たちが考えていた宇宙と同じです。この本の第1章で紹介した、「ハーシェルの島宇宙」です。ウィリアム・ハーシェルが「私たちはどうやら星がかたまった領域に住んでいるらしい。そして、星のかたまりの外には空っぽの空間が広がっているらしい」と考えて描いた宇宙像と、同じようなものになってしまうと考えられるのです。無限の虚空の中に、われわれの銀河だけが浮かんでいる——それが、1000億年後の宇宙の描像です。

「1000億年後のわれわれの末裔《まつえい》は、われわれの宇宙がビッグバンによって生まれ、膨張し、現在の宇宙になったというシナリオを信じることができるのだろうか」というようなことを、『スタートレックの物理学』というベストセラーで知られるローレンス・クラウス（1954〜）が「サイエンティフィックアメリカン」誌に書いています。これは、1000億年後の宇宙では、過去にビッグバンがあったことを示す証拠を観測できるだろうかという意味です。

ビッグバンの証拠の一つとして、マイクロ波背景放射が宇宙を満たしていることをお話ししました。このマイクロ波は、1000億年後には宇宙があまりにも大きくなってしまうために、現在よりもさらに波長が長く弱い電波になってしまいます。少なくとも現在の私たちが持っているような技術では、とても観測できなくなってしまうのです。

もちろん、私たちの子孫がさらに新しいテクノロジーを開発して、その微弱な電波を観測することができれば、ひょっとするとビッグバンの証拠を見つけることができるかもしれません。人類の、あるいは別の知的生命体の知の進みようによっては、可能性はあるかもしれません。

しかしクラウスは、それは不可能だろうし、ほかの方法でもビッグバンの証拠を観測することはできないだろうと言っています。そして、

図4―1　「むかしむかし、宇宙のはじまりにビッグバンというものがあってじゃな」

「昔の人から伝えられている神話によると、ビッグバンというものがあったらしい」

ということになってしまうのではないかというのです（図4―1）。

私たちはわずか100年後の人類の未来もわからないのに、1000億年後のことなどを考えて何の意味があるのかと思われるかもしれません。しかし、知的好奇心をくすぐられる楽しい話ではないかと私は思います。

ブラックホールも蒸発する10の100乗年後

さて、話を戻しましょう。1000

億年後に、私たちの銀河が唯一の銀河となり、それ以外はただ虚空が広がるだけの宇宙になったとします。しかし、加速膨張はこの状態からもどんどん進んでいきます。ここからは何億年という書き方はできませんので、10の何乗年後という表し方にしていきます。なお1000億年は10の11乗年です。

宇宙が膨張を続ける間も、私たちの銀河の中では、星が爆発してガスが飛び散り、そのガスが固まってまた新たな星ができるという輪廻《りんね》が繰り返されます。しかし、10の14乗年後、水素やヘリウムなどの星を輝かせる燃料となるガスは、核融合によって使い尽くされ、ほとんどなくなってしまうだろうと考えられます。そのためこの頃には、星が形成されたとしても、輝きのない暗い星になると考えられています。「この頃」とは言っても、本当に10の14乗年後なのか、あるいは10の15乗年後なのか、わかりませんが、このくらい先の話になると1桁や2桁違っていても、大差はないでしょう。

さらに10の18乗年後頃になると、銀河の蒸発が起こるといわれています。この頃になると、合体してできた巨大な銀河の真ん中に、星やガスが溜まっていって巨大なブラックホールが生まれます。逆に、ブラックホールから遠く離れた星やガスは膨張によってどんどん遠ざかっていくことになります。このような現象のことを「銀河の蒸発」と呼びます。こうして、銀河の真ん中に巨大なブラックホールだけが残ることになります。

さらに、時間が過ぎて10の33乗年後頃になると、大統一理論が予言している、陽子の崩壊が起こるのではないかといわれています。

先に少し紹介した、小柴昌俊先生が２００２年にノーベル賞を受賞したカミオカンデは、もともとは陽子の崩壊を観測する装置でした（→139ページのコラム）。厳密に言えば、陽子や中性子の中心を形づくる、核子の崩壊を観測する装置です。カミオカンデとはKamioka Nucleon Decay Experiment（神岡核子崩壊実験）の頭文字で、「神岡にある核子（nucleon）つまり陽子や中性子の崩壊（decay）を観測する装置」ということです。

現在、稼働しているスーパーカミオカンデによる観測データを見ますと、陽子の寿命は10の34乗年よりも長いということがわかっています。理論には陽子の確かな寿命を予言する能力はありませんから、10の35乗年であっても、50乗年であっても不思議ではありません。いまだに究極の統一理論ができあがっていませんので、正確に予測することはできないのです。

いずれにしても、この頃になると、宇宙に原子は存在できません。原子が存在しないわけですから、私たちのような知的生命体も存在しません。宇宙は、電子、電子の反物質である陽電子、光、ニュートリノといったものだけでできた世界になってしまいます。ただ、銀河の中心にできたブラックホールや、大質量の星が超新星爆発を起こしたあとに残るブラックホールなど、巨大なブラックホールは残ると考えられます。

しかし、10の100乗年後頃になりますと、ついにブラックホールも蒸発してしまいます。スティーヴン・ホーキングの理論的予言に従いますと、ブラックホールは単に暗くて光や物質を吸い込むだけではなく、黒体輻射《ふくしゃ》という光を放出して、じわじわと消えていくというのです。彼の理論では、現在あるブラックホールも光を放出して蒸発をしていることになりますが、通常は、周囲の物質が落下していくほうが効率がよいため、それらを吸収して巨大化するばかりです。しかし、原子さえも存在せず、周囲に吸収するものがほとんどなくなった宇宙では、ホーキングが予言しているように放出のほうが大きくなります。

計算によると、ものがなくなって宇宙の温度が10のマイナス19乗K程度に下がると、銀河の中心にあるような巨大質量のブラックホールも蒸発を始めます。完全に蒸発してしまうまでには10の100乗年程度かかると考えられています

こうして10の100乗年後頃には、ブラックホールも蒸発してしまい、宇宙は電子、陽電子、光、ニュートリノだけになってしまいます。しかも、宇宙はものすごい速さで膨張しているわけですから、薄くて何もなく、冷たい宇宙になっています。光があるとは言いましたが、可視光や赤外線といったようなものではなく、われわれが通常考える波長よりもものすごく長い、何京光年というような波長の電波です。

こんな宇宙に知的生命体が存在するとはとても考えられませんが、プリンストン高等研究所の

名誉教授であるフリーマン・ダイソン（1923〜）は、こんな宇宙にでも電子と陽電子がペアをつくって生命体を形づくることもできるのではないかということを言っています。確かに理論的にいろいろと考えるのは楽しいことですが、これは想像を絶することです。知的生命体になるためには高次の情報処理能力が必要で、そのためにはどうしても複雑な構造でなければならないと思われますので、電子と陽電子だけで形づくられた知的生命体が存在するというのは難しいことではないかと私は思います。

素直に考えれば私たちの未来とは、静かに消えるような死に向かっていくというのが一般的に考えられることではないかと思います。

破滅を回避するシナリオはあるか

しかし、本当に宇宙はこのような経過をたどって終わってしまうのでしょうか。ほかの可能性はまったく考えられないのでしょうか。もう一度、考え直してみましょう。

まず、一つの可能性として、真空のエネルギーがいつかなくなってしまうというケースが考えられます。第1のインフレーションが真空の相転移によって終了したとき、真空のエネルギーは消えてしまったと考えられていました。ところが実は残っていて、現在の加速膨張、第2のイン

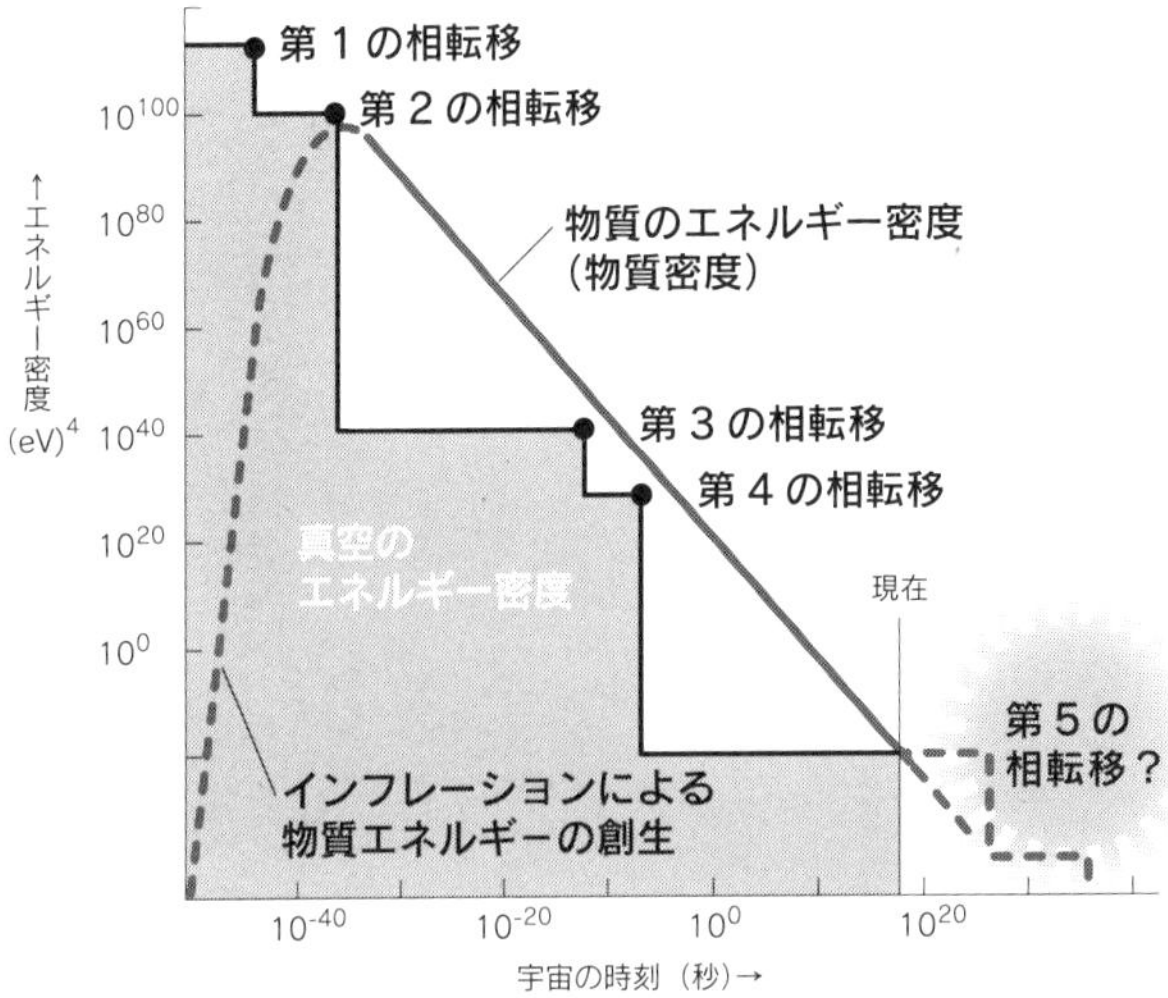

図４―２　「第５の相転移」で真空のエネルギーが消える？

フレーションを起こしていると考えられるわけです。とすれば、いつかまた真空の相転移が起こり、今度こそ真空のエネルギーが本当に消えてしまうという可能性も、考えられないわけではありません（図４―２）。もちろん、理論的には何の裏づけもないことですが、そうなると、宇宙は減速しながらゆっくり膨張を続けるというシナリオもありえます。

しかし、もし真空のエネルギーがなくなってしまうと、宇宙は重力によって収縮に転じることも考えられます。その収縮する宇宙とは、大まかにはビッグバン宇宙モデルの時間を逆に進んでいくわけです。収縮によって、宇宙は次第に高温になっていきます。そのときにまだ星が残っていれば、高温によって融けることもありえますし、ブラックホールがあれば合体するようなことも起こるでしょう。そうして収縮を続けていった宇宙は、最終的には空間がゼロとなる特異点に返るのではないかと考えられます。これをビッグクランチと呼んでいます。

残念ながら、この過程で再びインフレーションが起こるようなことはありません。宇宙の中では、エントロピー（物質や熱の拡散）は増加する一方であるという法則がありますので、宇宙が初期にインフレーションを起こした頃の大きさに戻っても、インフレーションが起こることはありません。ただ、特異点という無限に発散する点に返っていくしかないのです。

もし、そういう宇宙に知的生命体が住んでいれば、少しでも長生きをしたいと思って、この特異点に戻る宇宙から脱出しようと考えるでしょう。そうすると「子ども宇宙をつくることができれば脱出できる」と考えるかもしれません。さきほど、インフレーションによって「子宇宙」「孫宇宙」が生まれるという話を少しだけしましたが、ダークエネルギーを使って宇宙初期のインフレーションと同じ状態を起こして新たな子宇宙をつくり、そこへ脱出することを考えるかもしれないということです。もちろん、これもあくまでお話にすぎませんが。

現時点では、宇宙が無限に膨張を続けて冷えた暗い宇宙になるのか、それとも特異点に戻るのかは、何とも言えません。ただ、現在のわれわれが持っている知識では、考えられるシナリオはこのようなものになるのです。

図4―3　私たちはたまたま、夜空にたくさんの星を見つけられる時代に生まれたのかもしれない
（かに星雲の超新星残骸：提供／NASA）

↑遠くに見えているのが、学生さんたちが乗っているボート。ご苦労さまです！

提供／東京大学宇宙線研究所神岡宇宙素粒子研究施設

場所に3000 t の超純水を貯え、さらにスーパーカミオカンデでは50000 t の超純水を貯えて観測をしています。陽子が崩壊して生じた陽電子などの荷電粒子は、水中を進むときにチェレンコフ光と呼ばれる光を発します。この光を、光電子像倍管と呼ばれる装置で捉えようとしているのです。光電子像倍管とは、光を電気信号に変える、いわばテレビのブラウン管と逆の働きをする装置です。

スーパーカミオカンデには、この光電子像倍管が１万1200本も配置されています。微小な光を捉えるそれらの「目」が正しく機能するよう、研究室の学生さんたちは巨大な貯水タンクにゴムボートを浮かべ、ひとつひとつ手作業で磨いていくのだそうです。大変な作業ですね。

現在、カミオカンデやスーパーカミオカンデでの観測の結果、少なくとも陽子には10の34乗年以上の寿命があるということが明らかになっています。これによって、大統一理論SU(５)は破綻したと考えざるをえなくなりました。現在では、こうした理論に超対称性というものを加えた、超大統一理論の完成に新たな期待がかけられています。

カミオカンデは なぜ「陽子崩壊」を観測しているのですか？

大統一理論の予言が正しいかどうかを確かめるためです。

岐阜県神岡鉱山跡に造られているカミオカンデや、その後継機であるスーパーカミオカンデは、超新星からのニュートリノ観測で世界的に有名になりました。しかし、その名称にもある通り（132ページ）、もともとは陽子崩壊を観測することを重要な目的として造られたものです。

陽子は宇宙の中でもっとも安定的な粒子のひとつと考えられています。しかし、重力以外の３つの力を統一する大統一理論は、陽子の寿命は10の30乗年から10の32乗年であり、そのあと陽子は、陽電子とπ中間子あるいはニュートリノとπ中間子に崩壊すると予言しています。大統一理論はまだ完成した理論ではありませんが、この予言が正しければ、理論の正しさを証明する根拠になるわけです。

ただ、1974年に発表された最初の有望な大統一理論とされているSU(５)理論では、ほかにもモノポールの生成など複数の予言がなされているため、陽子崩壊だけが実証されても正しいと言いきれるわけではありませんが、正しいという可能性は高まります。また、逆に予言が否定されれば、理論自体の修正を迫られるというわけです。

とはいえ、10の32乗年も待って、たった１つの陽子が崩壊するかどうかを確認することは現実的には不可能です。しかし統計的に考えれば、10の32乗個の陽子を観測し、１年間に１個の崩壊が確認できれば理論的には同じことになります。

そこでカミオカンデでは、神岡鉱山の跡地、地下1000mの

↑すべてのものを呑み込んでしまうと恐れられるブラックホールも、人間はその目で見ようとしている

提供／NASA

の回転運動をしている）などから、存在していることがわかるのです。また、ブラックホールや中性子星などは重力によって周囲のガスを引きずり込むとき、円盤状のガス雲（降着円盤）を形成することがありますが、これをＸ線などによって観測したところ、ブラックホールの存在が指摘されている天体もあります。

現在では、ほとんどの銀河の中心には太陽の質量の10の６乗から10の10乗倍程度の質量を持つブラックホールが存在すると考えられています。

このようにブラックホールの観測はめざましい成果をあげているわけですが、最新の研究ではなんと、ブラックホールを人工的につくろうという試みがスイスのLHCで実際に始まっています（→154ページ）。おそろしいことを考えるものですね。

ブラックホールはなぜ見えないのに存在することがわかるのですか？

物理学の理論によって存在が予言されたのです。

まず、基本的な確認をしておきましょう。そもそもブラックホールとは、太陽の30倍以上の質量を持つ星が超新星爆発したあとに残る、巨大な重力を持った高密度の天体のことです。その巨大な重力のために、周囲の時空が強く曲げられて、光すらそこから抜け出すことができません。

このような特殊な天体であるブラックホールの存在は、相対性理論が誕生する以前から、すでに指摘されていました。18世紀末、フランスの数学者ピエール＝シモン・ラプラスらは、ニュートンの万有引力の法則を使い、物質が大量に集積すると、その重力は光の速度でも抜け出せないほどになることを予測していたのです。

さらに20世紀に入って一般相対性理論が発表されると、方程式を解いたカール・シュヴァルツシルトが、光すら抜け出せない特殊な天体の存在を指摘しました。その後、1967年にアメリカの物理学者ジョン・ホイーラーによって、この特殊な天体は「ブラックホール」と命名されたのです。

このように理論によって予言されてきたブラックホールですが、近年は観測技術の進歩によってその存在が明らかになってきています。

たとえば、私たちの天の川銀河の中心にも非常に大きな質量のブラックホールがあることがわかっています。ブラックホールは可視光などによって直接観測することはできませんが、周囲の星の運動（光のない場所を中心に、重い星が高速

第5章
インフレーションが予言するマルチバース

だからといって、このような理論による予測がどうでもいいというわけではないと私は思います。理論をつきつめて、シナリオを描き出すことが、歴史や進化を科学的に見るための大切な方法だと考えています。

（本文より）

ユニバースからマルチバースへ

ここまで、インフレーション理論を中心に置きながら、137億年前の宇宙創生の姿から、10の100乗年後という宇宙の未来像にまで話を進めてきました。ところで、みなさんは「宇宙」を英語でなんというか、ご存じですか?

簡単でしたね、そう、ユニバース(universe)です。しかし近年、さまざまな研究の成果から、マルチバース(multiverse)という言葉が流行してきています。宇宙は一つ(uni)ではなく、多数(multi)であるというのです。実は私のインフレーション理論でも多数の宇宙が生まれることは予言されていて、本書でも「子宇宙」「孫宇宙」という言葉がときどき出てきました。そのほかにもさまざまな理論によって、宇宙は多様に存在しているらしいと考えられるようになり、マルチバースという言葉が定着しつつあるのです。

そこで、ここからはマルチバースの話をしていきます。なかには少しイメージするのが難しい内容もあるかもしれませんが、あまり細部にこだわらず気楽に読み進めてください。

無数の「子宇宙」「孫宇宙」

インフレーション理論はビッグバン理論の困難を解決してきただけではなく、まったく新しい宇宙の描像を描き出してもいます。それは、宇宙が急激な膨張をするとき、早くにインフレーションを起こして膨張している場所と、インフレーションをまだ起こしていない場所とが小さな泡のようにいくつも混在することによって、多数の「子宇宙」や「孫宇宙」が生まれてくるというものです。

これは、私と共同研究者が１９８２年頃に説いたことなのですが、インフレーションで宇宙が急激な膨張をするとき、宇宙全体が手を携えていっせいに大きくなるとは限りません。互いに連絡がとれないような遠いところまで、同時に、同様にインフレーションが起きるという必然性はないのです。つまり、でこぼこだらけの膨張を起こす可能性は十分にあるわけです。

これは現在の宇宙のような数百億光年という「小さな」スケールの話ではありません。われわれの宇宙を超えた、とてつもなく大きな話です。そういうスケールで見ると、インフレーションを起こして急膨張をしている場所と、インフレーションが終わって緩やかな膨張をしている場所が宇宙にはいくつも混在していると考えられるのです。

そうすると、とても不思議な現象が起こることがわかりました。周囲よりも遅れてインフレーションを起こした領域は、先にインフレーションを起こして宇宙規模の大きさを持った周囲の領域から見ると、表面は急激に押し縮められているけれども、その領域自体は光速を超える速さで急激に膨張して見えるということが、相対性理論から導き出されたのです。

まるでブラックホールでもつくっているかのように表面が急激に押し縮められている領域が、全体としては急激に膨張している。一見矛盾するこの問題に、当初、私自身も悩みました。しかし、何度計算しなおしても、まちがいではありません。

ところが、さまざまな可能性を探っているうちに、次のような描像が見えてきたのです。実は、表面を急激に押し縮められている部分は、虫食い穴のような小さな空間になりながら、周囲の空間と、新たにインフレーションを起こした空間をつないでいる。そして、新たにインフレーションを起こした空間は急激に膨張して、やがて新しい宇宙になる、というものです。これならば、周囲から表面を急激に押し縮められている空間が、なおかつ急激に膨張するということが矛盾なく説明できます。

こうして、すでにインフレーションの終わっている領域を親宇宙とするならば、急膨張した場所が子宇宙となり、さらに遅れて孫宇宙が生まれるというように、まん丸い親宇宙から、いくつものマッシュルームでも生えてくるように、無数の子宇宙、孫宇宙が生まれるというモデルがで

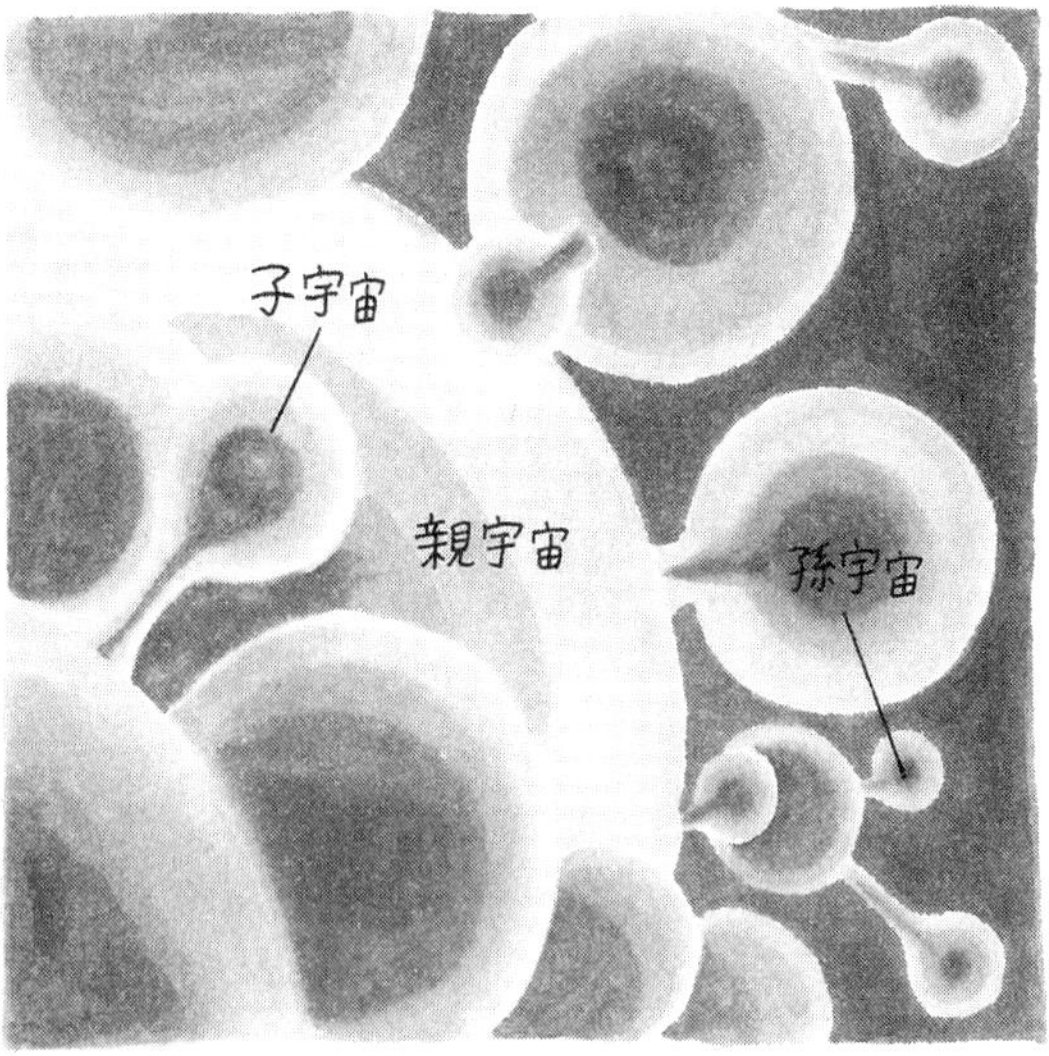

図5―1　インフレーションによるマルチバースのモデル。親宇宙にできたワームホールの先に子宇宙ができ、子宇宙のワームホールの先に孫宇宙ができ……と、無数の宇宙が生まれる

きあがったのです（図5―1）。押し縮められる虫食い穴のような空間のことをワームホールと呼んでいます。

これらの子宇宙、孫宇宙は、ワームホールもやがて消えて、親宇宙とは完全に因果関係の切れた、独立した宇宙になっていきます。

これが、インフレーション理論が予言するマルチバースの考え方です。

ところで、アレキサンダー・ビレンケンなどが考えた量子論的な宇宙論では、宇宙は「無」から創生されるという話を前にしました。とすると、無の状態から生まれる宇宙は当然ながら、私たちの宇宙だけでなければならない理由はなく、いくらでも別の宇宙ができる可能性があると考えられます。そして無から生まれた多数の宇宙はそれぞれインフレーションを起こし、子宇宙、孫宇宙を生みながら大きくなっていくわけですから、どうしたって宇宙はユニバース（universe＝一つの宇宙）ではなく、マルチバース（multiverse＝多数の宇宙）にならざるをえない。これが、最近の宇宙論の考え方です。無からの創生という考え方だけでもいくらでも宇宙ができますし、インフレーションによっても多重発生をしていくのです。

では、別の宇宙が存在していることが実際にわかるのかと聞かれれば、わからないとしか答えようがありません。というのも、別の宇宙であるということは、その宇宙との間で因果関係が切れているということだからです。因果関係が切れていれば、こちら側の宇宙からいくら観測を試みても、できるはずがないのです。逆にもし、観測ができて存在が証明できれば、因果関係があるということになりますから、それは別の宇宙ではなく同じ宇宙ということになります。

イギリスのカール・ポパー（１９０２〜１９９４）という科学哲学の研究者は、観測や実験によって反証可能な予測でなければ、いい理論ではないといったことを言っています。その考え方からすると、こうした理論による予測は決してよいものではないのかもしれません。しかし、相対性理論や量子論などの最先端の理論によると、このような宇宙の描像が描けるのです。それでも、こうした予測には意味がないのでしょうか。

科学というものがつねに、すべて証明できるものであるかというと、難しい部分もあると私は思います。たとえばダーウィンの進化論にしても、化石などの傍証はいくらでもあります。しかし過去にさかのぼって、厳密にサルからヒトが進化した証拠を示せるかといえばそれは難しいでしょう。地球が誕生したシナリオにしても、約46億年の流れを大筋ではみんな信じていますし、傍証を示すこともできますが、実験的な観測や厳密な証明は困難です。ましてや、宇宙の創生という話になれば、証明などは不可能です。

だからといって、このような理論による予測がどうでもいいというわけではないと私は思います。理論をつきつめて、シナリオを描き出すことが、歴史や進化を科学的に見るための大切な方法だと考えています。

超ひも理論が描くマルチバース

インフレーションが予言する子宇宙、孫宇宙のシナリオはこのようなものですが、最近はほかにも、多様なマルチバースの考え方が出てきています。

一つには、超ひも理論が予言するマルチバースがあります。

また、アメリカのマックス・テグマーク（１９６７〜）は、原理的には同じ時空であっても、実質的には行けない場所ならば「別の宇宙」と呼んでいいのではないかと言っています。われわれは因果関係があれば同じ宇宙だと考えますが、実質的に行けない場所は別の宇宙と考えようというわけです。

それから、量子力学の多世界解釈によるマルチバースの考え方もあります。これらを順番に説明していきましょう。

超ひも理論（超弦理論）は現在、力の超大統一理論として、いちばん可能性がある理論とされています。超大統一理論とは、重力、強い力、電磁気力、弱い力という四つの力を統一する理論で、長くその完成がめざされ、晩年のアインシュタインも研究に没頭しました。しかしついに果たせず、「アインシュタインの夢」ともいわれているものです。その究極の理論に最も近いといわれているのが、超ひも理論なのです。

そこから描き出される宇宙像においていま、多様な宇宙の存在が議論されはじめています。

もともと超ひも理論とは、このような四つの力があることをうまく説明するために考えられた理論です。力は粒子と粒子の間で働いています。そして従来は、粒子とはごく小さな粒であると考えられていました。ところが超ひも理論では、よくよく粒子を見てみると、それは「粒」ではなく「ひも」ではないかと考えるのです。

ただし、そのひもは通常われわれがイメージする3次元空間にあるのではなく、10次元とか11次元といった、縦・横・高さのほかに六つ、七つの別の方向を持つ空間にあるというのです。3

次元空間ならx y zの三つの座標軸で表されますが、それ以外に、uとかvとかw……といった方向を持つ空間にあるひもなのです。

そして、私たちが考えるいろいろな素粒子は、このひもの振動パターンの違いによって説明できるのではないかと考えるわけです。たとえば、電子と陽子がぶつかってニュートリノが生じるような現象は、ひもによってできた輪の組み替えのようなことで説明できるというのです。

膜宇宙論の登場

こうした超ひも理論の考え方から、1995年頃に「膜宇宙」という考え方が出てきました。超ひも理論では素粒子はひもだというのですが、膜宇宙論は、そのひもは端っこが膜宇宙（3次元の方向性を持つ膜）にくっついていると考えるのです。電子などの素粒子や光子などは端が3次元の膜にくっついているために、全体としては10次元、11次元の時空間にあっても、3次元の空間から逃げ出すことはできないというのです。ただ、これらのひもは膜にくっついていても、膜の上をすべることができるので空間の中で移動することはできます。

ただし例外があって、重力を媒介する粒子は丸い輪になっていて、3次元の空間にくっついていないため、重力だけはx y zという3次元の空間だけでなく、u v w……といった外側の空間

図5―2　膜宇宙のイメージ。丸い輪が重力

にも働くというのです（図5―2）。

最近ではこうした膜宇宙の考え方を使って、ビッグバンを説明する考え方まで現れています。

図5―2で膜が上下に並んでいるのは、それぞれが違った宇宙の3次元の膜であり、こうした膜が何枚も並んでいるのだそうです。そして、隣り合った別の膜宇宙どうしがぶつかることによってビッグバンが起こるのではないかというのです。膜宇宙どうしがぶつかるごとにビッグバンを起こし、膨張、収縮してまたビッグバンを起こす。そんなモデルを創れるのではないかというのです。

たしかに膜宇宙論そのものは、素粒子の理論としてすばらしい展開を見せてはいますが、このビッグバンの説明に関しては、ひとつのお話というところでしょう。

膜宇宙論において現在、非常に興味を持たれているのは、この理論の証拠を実際に実験や観測で見つけ出そうという試みです。いちばん証拠になるのは重力の測定ではないかといわれています。重力は3次元の外までこぼれ出てくると考えられているからで、このこぼれ出る重力の効果が、ものすごく距離が短い場合は現れてくるというのです。

通常、重力の効果は距離が大きい場合、ニュートンの万有引力の法則の通り、距離の2乗に比例して弱くなります。つまり、距離が2倍になれば、重力は4分の1になります。

膜宇宙の場合は、もしその理論が正しければ、重力の空間からの漏れ出しがあるため、この式を補正する項がつくというのです。補正項の大きさは、重力の漏れ出す度合いと、補正項の強さを表す度合いによって決まってきます。

実際に重力の漏れ出しを見つけようと、二つの小さな粒をかぎりなく近づけて、そこに働く力を測定するといった方法の実験が、膜宇宙論が現れてからたくさん行われてきました。１㎜、１㎜の10分の1、１００分の１……と間隔を小さくしていき、二つの粒の間で働く重力を測定するわけです。

しかし、このような実験の結果からはっきりしたのは、もし補正項があったとしても、それは大きな値にはならないことでした。実験データによると、10分の１㎜よりも長い距離であれば、ニュートンの万有引力の法則による計算でＯＫなのだそうです。これは２００９年あたりのデータですが、最近の実験結果によれば50マイクロメートルの距離でも重力の漏れ出しはなさそうです。補正項がかなり小さくなったとしても膜宇宙論自体がつぶれるような問題ではありませんが、実験的には制約がついてきているようです。

ブラックホールは膜宇宙論を証明するか

新聞報道などでも取り上げられましたが、スイスのジュネーブ郊外に造られたＬＨＣ（Large Hadron Collider）という世界最大の実験装置が２００８年9月に稼働を始めました。膜宇宙論の予測によれば、この装置でブラックホールが人工的につくられるはずだと話題になったのをご存じの方も多いでしょう。そのブラックホールはホーキングの「ブラックホールの蒸発理論」にしたがい、いろいろな粒子を放出しながら、消えてしまうことが予測されています。もし、このＬＨＣの実験でそういう現象が見つかれば、膜宇宙論の証明になるともいわれています。

113ページでも紹介したようにＬＨＣは地下１００メートルに造られた、全周約27㎞の巨大な装置で、加速した二つの陽子を正面衝突させて、ブラックホールができるのを見ようとしています。陽子どうしの衝突によって生じた粒子を検出する装置だけでも、長さ44ｍ、重さ７０００ｔ

図5―3　LHCの加速器（©CERN）

という巨大さです。

この実験には日本からも東京大学大学院の小林富雄教授をはじめ、多数の優秀な人材が参加していて、そのグループ（アトラス日本グループ）がブラックホール形成のコンピュータシミュレーションをしています。もちろん現在の膜宇宙論にはわかっていない数値がたくさんありますが、ある都合のよい値をとったときのシミュレーションをすると、加速器の粒子の方向に対して垂直方向に、何か特徴的なものが出てくるのだそうです。それを見つけることでブラックホールの蒸発が見えてくるのではないかと考えられています。

もし、今後の実験でこうした結果が得られれば、膜宇宙論は大きな支持を集めることになると思います。ホーキングはしばしば、「LHCでブラックホールの蒸発が見られれば、ノーベル賞はいただきだ」とジョークで言っています。

ＬＨＣは稼動開始直後に冷却系統の欠陥によって装置が故障し、２００９年11月に稼働を再開しましたが、いまのところ、まだブラックホールの蒸発を示すものが見つかったという報道はされていません。もし見つかれば、読者のみなさんも新聞の1面で目にすることになるかもしれません。

膜宇宙でのインフレーション

さて、膜宇宙論では、10次元もしくは11次元の時空間の中にある3次元の膜が、私たちの住んでいる宇宙であるとされているわけですが、それ以外の空間がどうなっているかについても考えられています。それは「カラビ＝ヤオ空間」（図5―4）という、数学的に非常に難しい構造なのだそうです。私自身も専門外ですので十分な説明はできないのですが、この複雑な内部空間のどこかに膜宇宙が続いていて、それが私たちの宇宙だとすれば3次元空間になっています。しかし内部空間のほかのところにも別の膜宇宙が続いているということです。

アメリカの有名な素粒子研究者であるレオナルド・サスキンド（１９４０〜）が、超ひも理論の描く多様な世界を紹介する『宇宙のランドスケープ』という本を著しています。サスキンドに

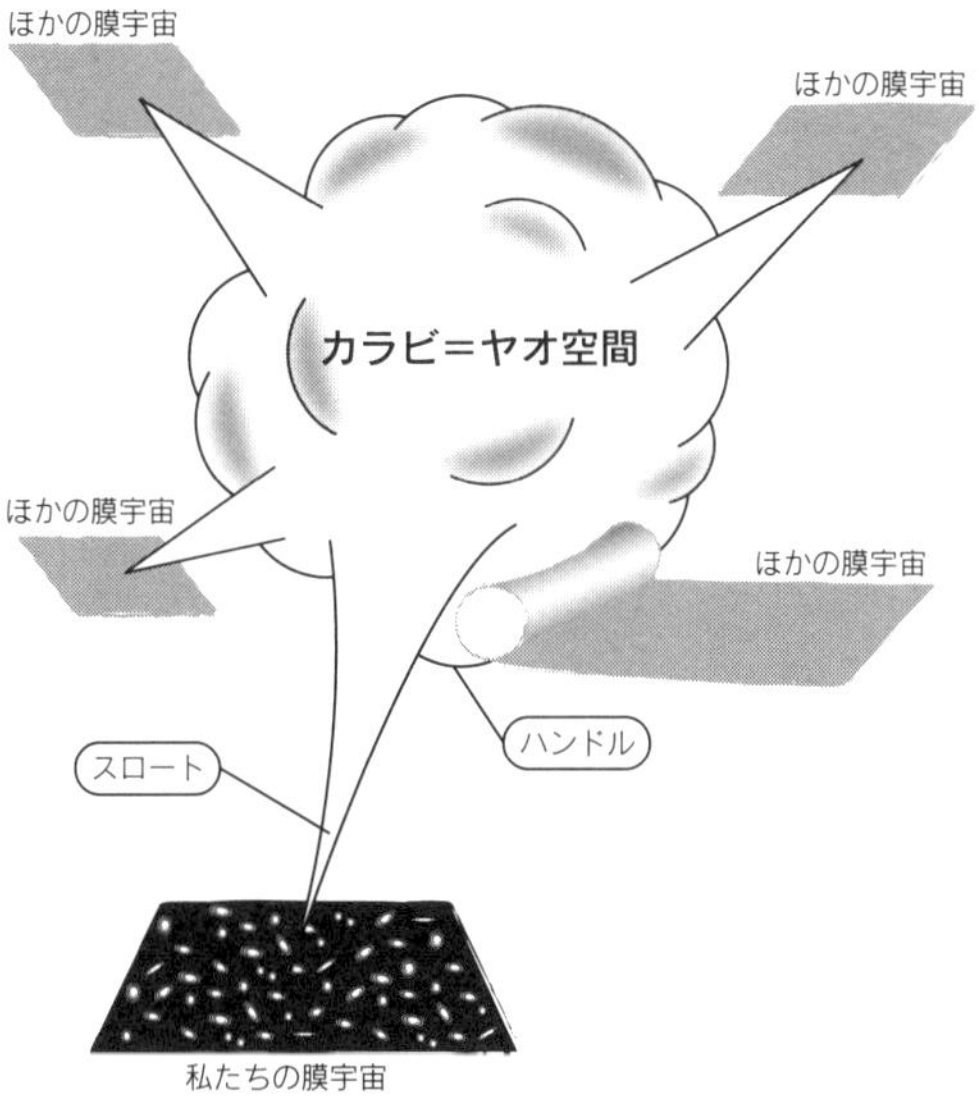

図5―4　カラビ＝ヤオ空間

よれば、超ひも理論では電磁気力や物理要素が互いに違っている世界があり、また3次元だけでなく4次元、5次元の空間がある。そのように多様な宇宙の存在が数学的に可能であるというのです。そして、その可能性はなんと10の200乗くらいあるというのです。彼にとっては、カラビ＝ヤオ空間にくっついている宇宙はどのようになっているのかを表す鳥瞰図《ちょうかん》を描くことが大きな目標なのだそうです。

このような話を聞くと私は、仏教の「曼荼羅《まんだら》」を思い出します（図5―5）。曼荼羅では、各世界に「仏様」がいます。仏様というのは物理学の世界では「物理法則」と言い換えてもいいでしょう。異なった仏様のいる世界がいくつもあり、しかも空間自体も2次元、4次元、5次元という多様さで、それぞれにまた別の仏様がいる。つまり違う仏様がいる空間がいくらでもあるということで、この仏様を物理法則に置き換えれば、ここまでお話をしてきた多様な宇宙の話と同じに思えます。こうなると、世界をどのように考えたらいいのか、わからなくなってきますね。

ほかに膜宇宙論では、インフレーションが起こったことをどのように説明するかも大変面白い問題です。たとえ宇宙が膜であったとしても、私たちの宇宙では必然的にインフレーションが起こったはずです。そうでなければ、現在の観測事実や、銀河や星が形成されるシナリオを説明できません。そしていまは膜宇宙論においても、多様なインフレーションのメカニズムが考えられているようです。

その一つは、こんなシナリオだそうです。私たちの住む膜宇宙があって、別の膜が近くにあるとします。その膜に、反ブレーン（膜）という、素粒子における反粒子のようなものがぶつかっ

図5—5　曼荼羅

て対消滅し、エネルギーを出します。そのような対消滅が近くで起こったとき、そのエネルギーが私たちの膜宇宙に伝わってきて、インフレーションを起こすというのです。

このあたりは、ほかにも多様なアイデアが出ています。現在、若い研究者たちが知恵を絞って、膜宇宙でインフレーションをうまく起こすシナリオはないかと考えているところです。

テグマークのマルチバース

マルチバースにはこのほかに、テグマークが考えるようなものもあります。

彼の考え方はある意味、単純です。私たちの宇宙はもう無限といえるほど広がっているが、私たちの宇宙が因果関係を持てる領域（一般に私たちが私たちの宇宙だと考えている領域）は420億光年程度だというのです。簡単に説明しますと、宇宙の年齢は137億年ほどで、私たちが現在見ている宇宙の果ては137億光年先です。しかし、宇宙は膨張しているため、137億年前に出た光がいま、どこにあるかといえば、420億光年の彼方にまで遠ざかってしまっているのです。この420億光年が距離としての私たちの宇宙の果てです。

テグマークは、それより遠い場所所は、因果関係を持てるわけではないのだから、理論的には同一の時空にあったとしても、別の宇宙と見なしてよいのではないかと考えたのです（図5―6）。

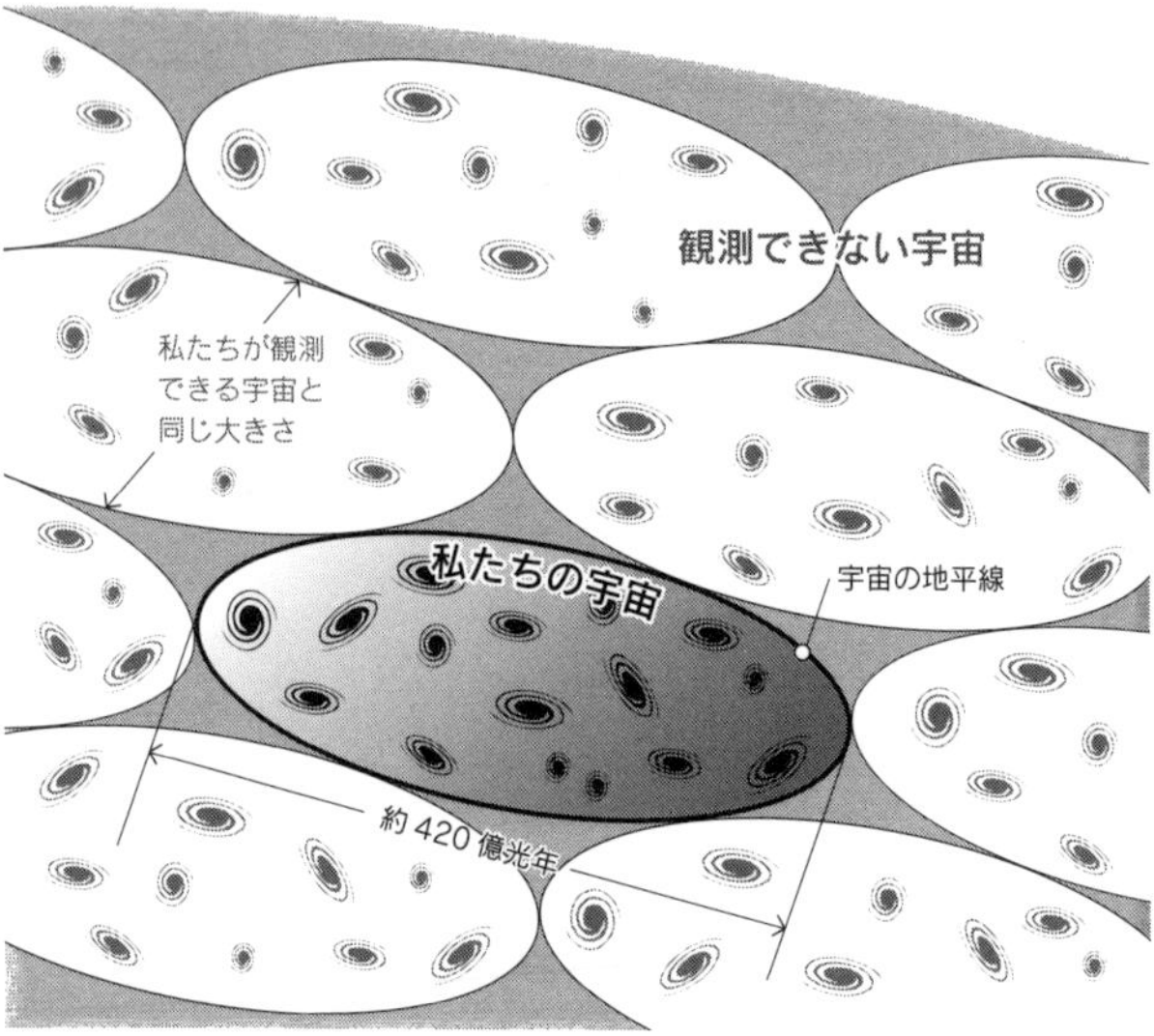

図5—6　テグマークのマルチバース

そういう420億光年ほどの大きさの宇宙が、物理的には同じ一つの時空の中にいくつもあるというのです。これらの宇宙は、相対性理論の原理からいえば、すべてつながっている宇宙で、別の宇宙でも何でもありません。しかし、現実に因果関係を持てる宇宙だけを一つの宇宙と考えようというわけです。

とすれば、別の宇宙がいくらでもあることになり、彼の推定によれば、その数は2の10の18乗個にもなるというのです。

そこには私たちの宇宙とまったく同様の宇宙があって、別のあなたが存在しているそうです。これは、粒子の数が有限なので、その並べ方も有限であり、宇宙の数が無限に近いほど膨大な数になれば、私たちの宇宙とまったく同じ配列になる宇宙もあるだろうというお話です。

マルチバースには、こんな考え方もあるのです。

量子論のマルチバース

量子論における「多世界解釈」という立場からも、マルチバースの考え方が支持されています。

量子論について、基本的なところから説明するのは大変ですが、非常に大ざっぱに言えば、ものの存在は確率的にしか予言ができないという考え方がもとになっています。なかでも多世界解釈という考え方は、この確率によって、何か物事が起こるたびに世界は分裂していると解釈する立場です（図5―7）。

極端なことを言えば、いまこの本を読んでいるあなたがいる宇宙がある一方で、きょうは疲れたから本を読むのはやめておこうと考えている別の宇宙もあるというわけです。原理的な量子論は、サイコロを振って確率を決めているようなものですから、サイコロを振る可能性があるごとに別の宇宙があると考えるのです。すると、無限に宇宙が存在することになります。

こういう解釈を使うと、タイムマシンの「親殺しのパラドックス」も解決できるというお話も

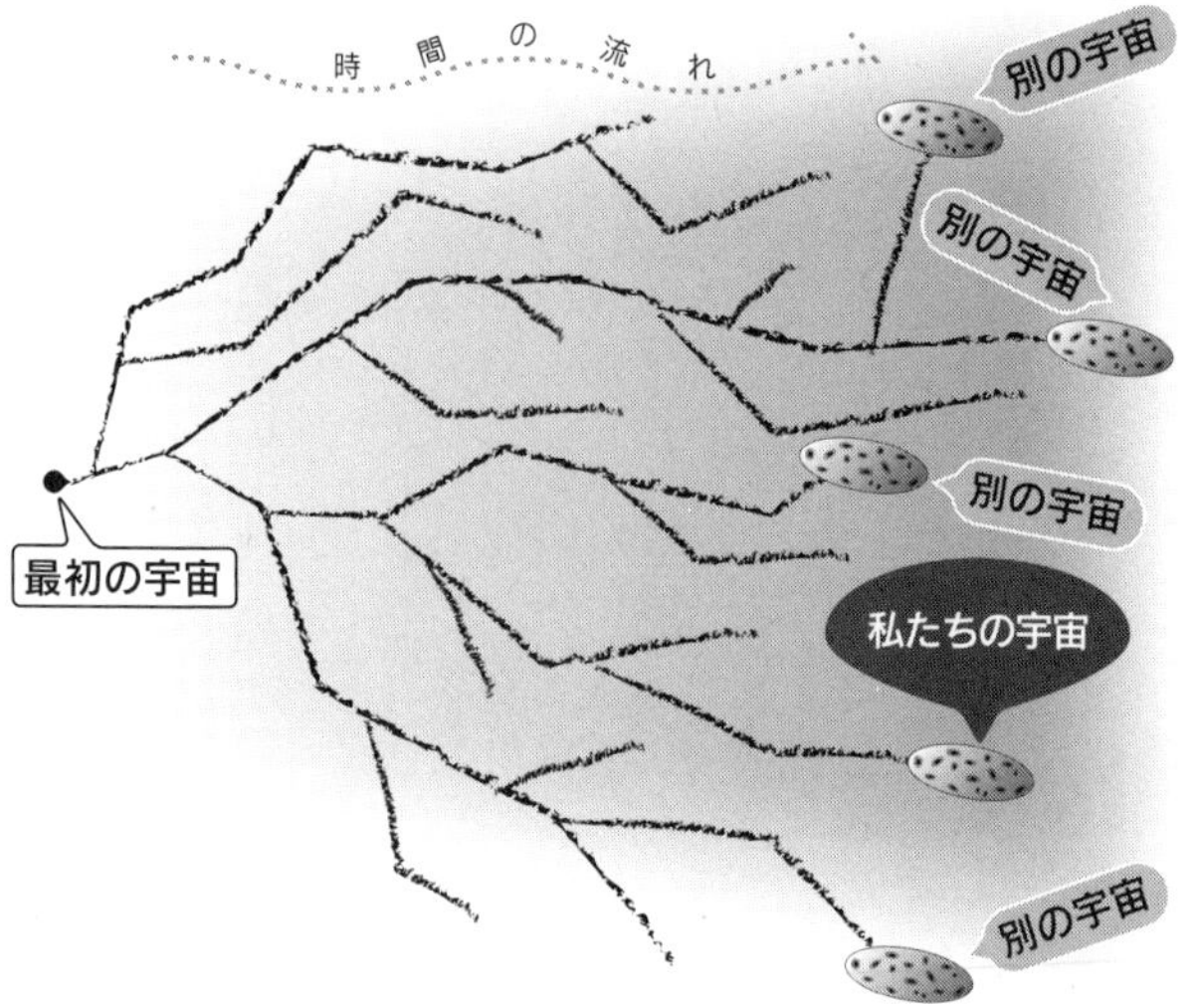

図5―7　量子論のマルチバース

あります。あまりいい名称だとは思いませんが「親殺しのパラドックス」とは、タイムマシンに乗って過去に行き、自分を生む前の母親を殺すことができるか、という問題で、つまり殺した母親からは生まれるはずのない自分が、過去に戻って母親を殺すというのは起こりえないことだという自己矛盾のお話です。その真意は、タイムマシンというものはこのように必ずパラドックスを生じるから、そんなものはできないというところにあります。常識的な考え方だと思いますし、私もそれを信じます。

しかし、量子コンピュータなどの研究をしているイギリスのデビッド・ドイッチュ（1953〜）は、このような内容の発言をしています。

「もしタイムマシンがあって過去に行ったとしよう。しかし、（量子論的な多世界解釈では）無限にいろいろな宇宙があるのだから、自分は自分の宇宙の過去に行ったと思っていても、おそらくそれは別の宇宙に行ったにすぎない。その宇宙で自分の母親だと思われる人を殺したとしても、それは別の宇宙での話であって、自分を生んだ母親は元の宇宙で変わらずに生きているのだから、自分はちゃんと存在できる」

こういう面白い考え方もあるのですね。

インフレーション理論は宇宙創生について説明する理論でしたが、意外にもそこから、マルチバースという宇宙の姿が導き出されました。そしていま、マルチバースはこのように非常に多様な考え方が生まれているのです。

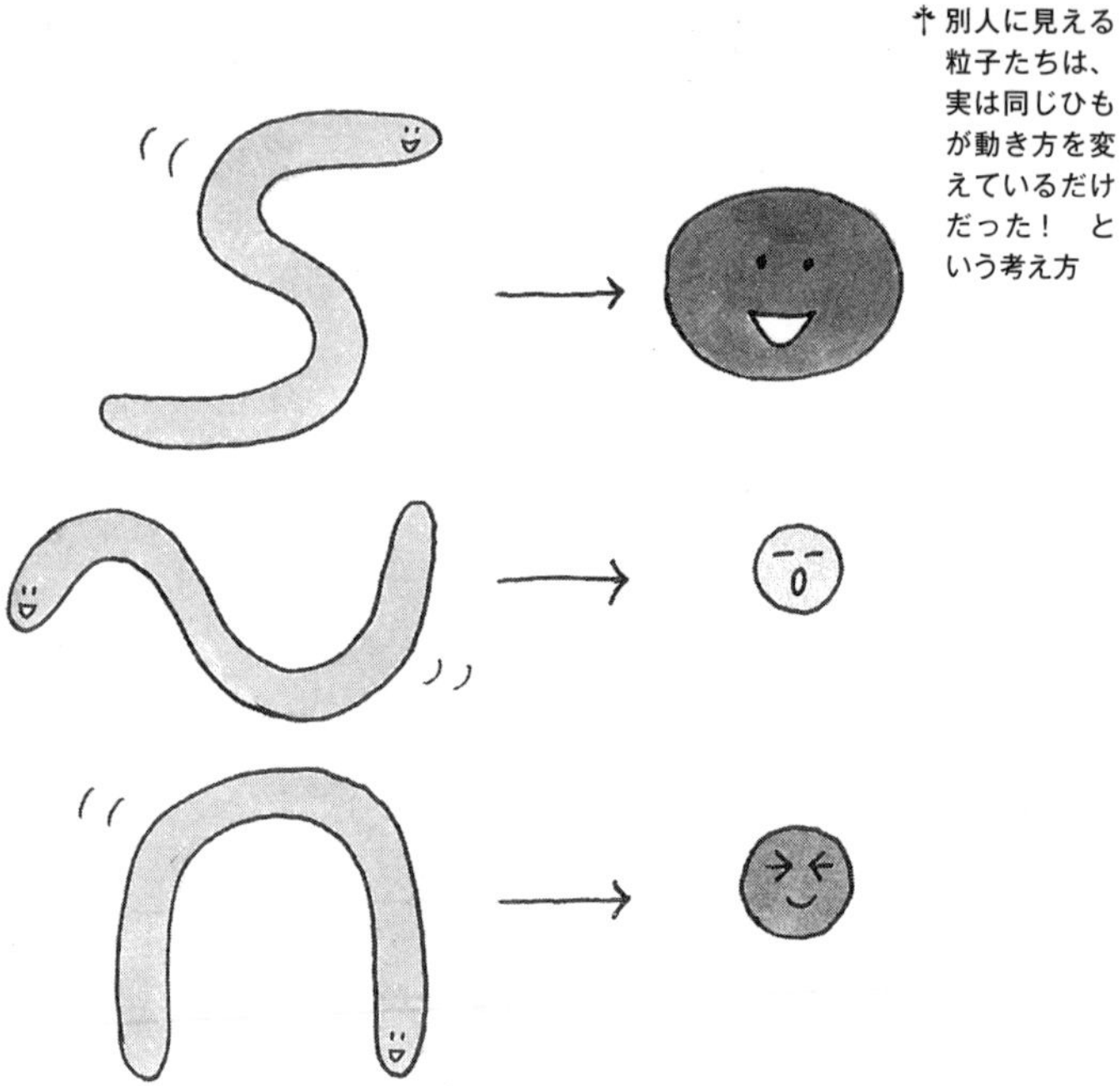

別人に見える粒子たちは、実は同じひもが動き方を変えているだけだった！　という考え方

すると、どうしても「無限大による発散」という数学的な問題が生じてしまうという困難にぶち当たっていました。ところが、物質の最小単位を１次元のひもと考えると、うまくこの無限大を避けることができるのです。そのため超ひも理論は現在、４つの力を統合する超大統一理論に到達する理論の有力な候補の１つと考えられています。

コラム⑥ 超ひも理論

「超ひも理論」って
要するにどんな理論ですか？

物質の最小単位をきわめて短い「ひも」と考える理論です。

原子論を確立した古代ギリシアの哲学者、デモクリトス以来、私たちは物質の最小単位を小さな粒子だと考えてきました。その考え方を根本から変え、物質の最小単位を粒子ではなく、ごく小さなひもであると考えるのが「ひも理論（String Theory）」です。「弦理論」と呼ばれることもあります。簡単に言ってしまうと、これまで私たちが小さな粒子だと考えていたものは、ごくごく近寄って見てみると、実は非常に小さなひもだったという考え方です。

この理論では、電子やニュートリノなど、現在、私たちが違う粒子と考えているものは、実は同じたった１種類のひもであり、振動のしかたの違いによって、それぞれ多様な粒子のようにふるまっているのだと考えます。つまり、１つのひもを仮定することで、あらゆる多様な粒子の存在を説明することができるわけです。

このひも理論に、超対称性と呼ばれる考え方を加え、さらに拡張したものが「超ひも理論（Superstring Theory）」あるいは「超弦理論」と呼ばれる理論です。しかし「超」がつくとどこが違うのかは、かなり難しい話になります。みなさんはとりあえず、１つのひもであらゆる粒子について説明しようというひも理論の基本的な考え方を知っておけば十分ではないかと思います。

大統一理論（重力を除く３つの力の統一理論）は、ほぼ完成に近い状態にあります。しかし、これに重力を加えようと

↑イメージできなくても悩むことはありません。誰にもイメージはできないのです

きに、10次元、11次元という次元の数を仮定すると、なぜかはわかりませんが、数学的にうまくいくのです。10とか11は、いわばマジックナンバーのようなもので、数学的に便利だからそう仮定すればいいということなのです。

お気づきのように、これは虚数時間についての考え方と似ています。それが本当に存在するかどうかではなく、存在を仮定することで、人間の知の世界が大きく広がっていくことが大切なのです。だからみなさんは、本を読んでいて10次元、11次元という言葉に出くわしても、それはどのようなものかと悩んだりせずに気軽に読み飛ばしていただければよいと思います。

コラム⑦ 10次元、11次元の時空とは？

**10次元や11次元の時空って
いったいどうなっているのですか？**

**数学的に便利だから仮定されたものですので、
実体はわかりません。**

私たちが住んでいる空間が３次元で、x、y、z（タテ、ヨコ、高さ）という座標の軸を持っていることはみなさん数学で学んできたと思います。この３次元に別の新たな座標を加えれば４次元、５次元……になることも、理屈のうえでは理解できなくはないでしょう。x、y、zに、uやvを座標軸として加えていけばいいのです。そして４次元の場合は時間が座標軸に加わることも、多くの人がご存じだと思います。

しかし、実際に４次元空間がどのような空間なのかをイメージしようとしたら、ほとんどの人はお手上げでしょう。ましてや、超ひも理論に出てくる10次元、11次元の時空など想像を絶する話で、そんなものを真面目に議論している理論物理学者は正気なのか、と思われるかもしれません。

実は10次元、11次元といった多次元を考えている理論家も、３次元以外の空間の次元は小さくたたみ込まれていて、物質はそちらに進めないように閉じ込められていると考えています。それらの次元を私たちが直接感じたり、認識したりすることはできないとされているのです。SF小説ではよく、主人公が別の次元の世界に紛れ込んでいくといった話がありますが、そういうものと、理論家が扱っている次元とはまったく性質が違うのです。

現在、超ひも理論では、10次元あるいは11次元の時空において４つの力の統合を進め、究極の理論となる超大統一理論の完成をめざしています。こうした理論的な研究を進めると

第6章

「人間原理」という考え方

私は、究極の物理法則ができたとき、その方程式の中には数値はないはずだと思っています。そして、究極の理論がない現段階において、人間原理を認めるようなことを言うのは時期尚早ではないかと思います。

（本文より）

「絶妙なデザイン」の謎

ここからは、前にも少しふれた「人間原理」の話をしていきましょう。人間原理とはAnthropic Principleのことですので、言葉に忠実に訳すなら「人類原理」と呼ぶのが正しいのではないかとも思います。

現在の宇宙の法則の中には、さまざまな物理定数があります。たとえば強い力、電磁気力、重力などの力の強さもそうです。つまり具体的に決まっている数値のことですね。これらの定数をよく見ると、まるで人類が誕生するように値が調節されているとしか思えないものがあるのです。たとえば、電磁気力の強さを少しでも変えると、生命は生まれなくなってしまいます。強い力の値をちょっと弱くすると、星の中で元素を合成するトリプルアルファ反応というものが起こらなくなります。これは3個のヘリウム4の原子核が結合して炭素12ができる核融合反応ですが、この反応が起きないと、炭素や酸素といった生命に不可欠な元素が生成されなくなるのです。

これらの例に限らず、われわれが住む宇宙は、人類を含めた生命をつくるために絶妙にデザインされているように見えるのです。これは否定しようのない観測事実です。

このような話を聞くと、「ああ、やはり神様は人間を創造するようにこの世界を設計されたんだなあ」と思う人もあるかもしれません。しかし、科学者がそのように考えるわけにはいきませんから、このような物理定数の謎をどう解決するかが重要な問題になります。人間原理も、この問題への答えとして考えられてきたものなのです。

これまで人間原理については、いろいろな研究者が自分の見解を述べていて、量子脳理論のアイデアでも知られるロジャー・ペンローズ（1931〜）はこう言っています。

「神様がわれわれの住んでいる宇宙と同じような宇宙を創り出すためには、途方もなく小さな空間の中の小さな定数が必要である」

つまり、適当に物理定数を決めても、決していまの宇宙はできない。神様はよほど注意深くならなければならない、というのです。そして、どこから出てきた数字かわかりませんが、われわれの住む宇宙がつくれる確率は、10の10の123乗分の1だと、すこぶる具体的な数値を示しています。

この数字はおそらくジョークだとは思いますが、それくらいとてつもない精度で選択をしていかなければ、いまのような宇宙はできっこないというわけです。そして、なぜいまの宇宙がそうなっているかという問題は、人間原理でしか説明できないというのです。

前章でふれたテグマークが、電磁気力や、強い力が、われわれの宇宙とは違う多様な値をとっ

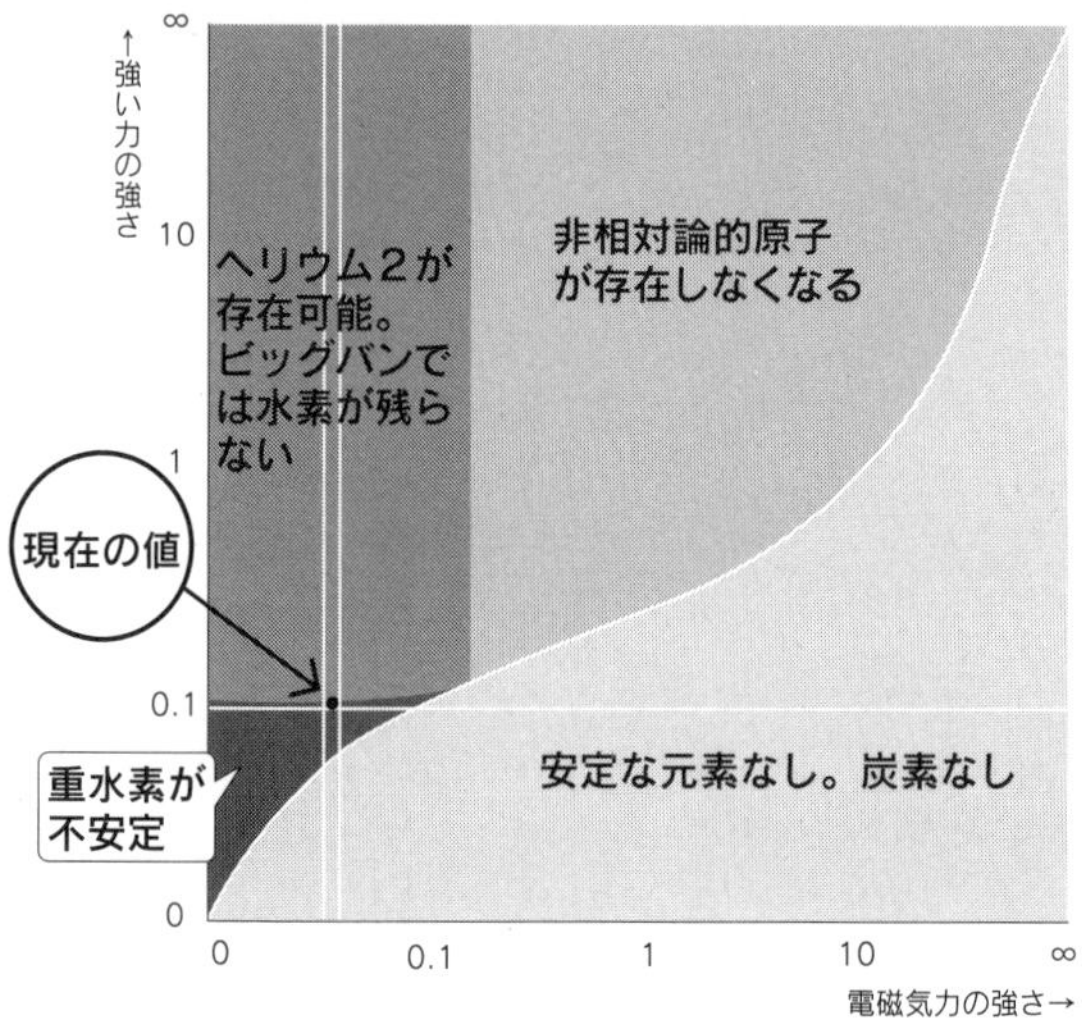

図6―1　テグマークのグラフ。2つの力は人間が存在できるよう絶妙の値で調節されているかに見える

た場合を考えたグラフがあります（図6―1）。難しい言葉もありますが、要するにこれによると、2つの力の値が変わると炭素原子が不安定になったり、水素原子が生まれなかったり、重水素が不安定であったりなど、多様な不都合が生じます。その結果、知的生命体が誕生するのに都合のいい領域はごくわずかしか残りません。四つの力のうち、二つの力だけで考えても、これほどまで制限されるのです。

テグマークはまた、空間の次元や時間の次元を変えるという考え方でも生命体存在の可能性を考えています。

時間がわれわれの世界と同じ1次元の場合は、空間が1次元や2次元だと単純すぎて多様な構造が生まれず、一方で空間が4次元にまでなると不安定になるとしています。たとえば原子核のまわりを回っている電子も、次元の大きな世界では不安定になって原子核に落ち込んでしまうようになります。これでは多様な構造を安定してつくることはできません。結局は、3次元が多様な構造をつくるのには適しているというのです。

時間の次元が多い宇宙については、4次元以上だと不安定な宇宙になるのだそうです。しかし、時間の次元が増えるというのはどういうことか私にはわかりません。それこそ腕時計が二つ必要になる世界でしょうか？　冗談はさておき、時間の次元がゼロの場合は、彼も想像不可能としています。

テグマークの主張はともかく、私たち人類はよほどの条件が整わなければこの宇宙に存在できないことは確かなのです。

強い人間原理、弱い人間原理

ここで、人間原理という言葉の歴史を少し振り返ってみましょう。

およそ50年前に、人間原理の考え方を最初に言い出したのは第2章でも紹介したロバート・ディッケだろうといわれています。ディッケは、もし宇宙が現在のようにきわめて平坦でなければ、人間は存在していない、だから人間は選ばれた存在であると言ったのです。

もし、宇宙を創ったときに、神様がいまよりも弱い勢いで膨張させたとすると、膨張はすぐに止まってしまい、1000万年後あるいは1億年後に膨張は止まって、つぶれてしまう宇宙になります。そういう宇宙では十分に生命は進化できず、人類は生まれないことになってしまいます。

一方、神様が宇宙を膨張させる力が強すぎた場合は、膨張する速度が速すぎて、ガスが十分に固まる前に宇宙が膨張してしまいますから、ガスが固まれません。つまり、星もできません。ですから炭素も酸素もつくられず、生命も人類も生まれてきません。

このように考えると、神様はきわめて慎重に、曲率がゼロになるように宇宙を創造したということになりますが、それは非常に困難なことです。これが第2章でも紹介した「平坦性問題」です。この問題を説明するためにディッケは、人類は曲率がゼロに近いきわめて平坦な宇宙にだけ住むことができる。だからこの宇宙は平坦な宇宙なのだ、と言ったのです。

この平坦性問題は、インフレーション理論によって解決したことも前にお話ししました。ごく簡単に言えば、神様の力を借りなくても、インフレーションさえ起こせば、曲率ゼロの宇宙を創ることができるからです。インフレーションによって一様で平坦な宇宙ができるため、平坦性問題は人間原理を使わなくても、物理学で説明できるようになったのです。

「人間原理」という言葉を最初に使ったのは、ブランドン・カーター（1942〜）です。

読者のみなさんはコペルニクスをご存じでしょう。地球は宇宙の中心にあるのではなく、太陽のまわりを回っているという地動説を考えた人です。このコペルニクスの考え方を太陽系だけに限らず、あらゆる一般的なことに敷衍《ふえん》したものをコペルニクスの原理と言います。人類は世界の中心にいるわけではなく、宇宙においては人類といえどもワンオブゼムの存在であるという考え方です。

カーターは、このコペルニクスの原理に対する逆の考え方として、人間原理という言葉を使ったようです。宇宙は人間を生むようにつくられていると見ることができるとして、人間を特別な存在として考えるべきであるというのです。

やがて人間原理は、「弱い人間原理」と、「強い人間原理」に分かれます。

弱い人間原理とは、いまあるこの宇宙のあり方を決める物理法則の数値は、なぜ人間が存在するのに都合よく定められているのかを問うものです。そのよい例はディッケの平坦性問題で、人間が宇宙に存在することから、宇宙は平坦になるよう微調整されたとする考え方です。ただし、やはり平坦性問題のように、インフレーション理論を使えば物理法則だけで説明できるものもあります。

これに対し、強い人間原理は、物理学の基本法則・物理定数や、宇宙や空間の次元などは、人間が存在できるようにつくられているというものです。２次元でも４次元でもだめで、３次元でなければならないとテグマークが言うのも、この強い人間原理です。

こうした人間原理が出てくるのは、ある意味で当然のことだと私は思います。なぜなら、いま私たちは物理法則を持っていて、その法則には多様なパラメーター、つまり数値がのぼっていますが、それらがどうしてそんな数値になっているのか、私たちは知らないからです。たとえば電気の力を表す微細構造定数という値は、１３７・０３５…分の１という数値になっていますが、なぜ、これが電気の強さになるのかもわかっていないのです。そうである以上、その値が人間が存在できるように決められたという考え方が出てきてもしかたないのです。

将来もしも、超ひも理論がめざす究極の物理法則、この方程式ひとつを解きさえすれば四つの力すべてがわかるという超大統一理論ができたとき、その方程式の中に何ひとつ数字（定数）がなく、すべては幾何学の問題だけに帰して、それだけで自動的に現在ある多様なパラメーターの数値がすべて導き出せるといったことになれば、人間原理など必要ありません。その理論さえあれば、この世界がつくれることになるからです。

しかし、かりに何らかの数字がまだ残っていたとしたら、そのときは問題です。その数値はなぜそうなるのか、説明がつかないからです。そのときは、人間原理のようなものを考えなくてはならないかもしれません。

今後の研究によって、そこがどうなるのかはわかりません。ただ、私は物理学者として、究極の物理法則となる超大統一理論には、そういうパラメーターがいっさい残っていないことが理想だと思っています。

マルチバースと人間原理

読者のみなさんは、これまでの話をどう思われたでしょうか。「宇宙は人間が生まれるようにつくられている」と主張するかのような考え方など、科学にはほど遠いと思われたのではないでしょうか。たしかに人間原理を疑似科学や宗教的なものと見なしている人もいるようです。しかし、実はホーキングも弱い人間原理を支持しているなど、科学者の間でも人間原理への評価はさまざまに分かれているのです。

私自身はといえば、さきほども述べたように、物理学の法則だけでこの世界のことをすべて説明できれば理想的だと考えています。人間原理という概念を物理学は安易にうけいれるべきではないというのが基本的な立場です。ただ、最近の人間原理の考え方には、科学的に認められるものが生まれてきているとも考えています。

それは、マルチバースの考え方に立った人間原理です。インフレーション理論が予言するように、宇宙が子宇宙、孫宇宙……と無数に生まれているならば、それぞれの宇宙が持つ物理法則もまた無数に存在するはずです。それらの中には、人間が生存するのにちょうどよい物理法則があっても不思議ではありません。そして、私たちの宇宙がたまたま、そういう物理法則を持つ宇宙だったのだ、とする考え方です。

これにはみなさんも納得できるのではないでしょうか。この宇宙を認識する主体である私たち人間は、ほかの宇宙を認識することはできません。だから、たった一つの宇宙がたまたま人間に都合のいいよう絶妙にデザインされていることを不思議に感じますが、実はそれは、無数にある宇宙の中で私たちの宇宙がたまたま、人間が生まれるのに都合のいい宇宙だったにすぎないというわけです。そのような宇宙だからこそ生まれた人間が、この宇宙の物理法則について認識していくと、それは人間が生まれるように都合よくできていた、これは言ってみれば当たり前のことです。そして、そのような私たちの宇宙が、たとえペンローズが言ったように10の10の123乗分の1というわずかな確率でしかつくられないとしても、宇宙が無数にあるのなら、そのうちの一つが私たちの宇宙であっても何も不思議ではありません。

このように、インフレーション理論が予言するマルチバースという宇宙像を前提にすると、人間原理についても論理的な説明が可能になってくるのです。

淘汰される宇宙

マルチバースにおける物理法則では、こんな奇妙な考え方も出てきています。無数にある宇宙の、無数にある物理法則は、自然選択で淘汰《とうた》されるというのです。つまり、あたかも生物における進化論のようなアナロジーが、そのまま宇宙についても適用できるのではないかという考え方です。

何ともすごい着想です。現在の物理法則を持っている宇宙は、生存競争に打ち勝って、いちばん多く存在する宇宙になったのではないかというのです。リー・スモーリン（１９５５〜）という物理学者が考えたことですが、ここでわかりにくいのは生存競争とは何かということでしょう。

この考え方によれば、重力定数や強い力の定数といった定数ごとに、多様な宇宙があります。その中で宇宙が生まれて死んで、生まれて死んで、を繰り返すうちに、自然淘汰されていく宇宙があり、ある形の宇宙が多くなっていく。そして私たちは、そのいちばん多くなった宇宙に住んでいるのではないかというのです（図６―２）。

もちろん、現在の理論でこんなことが言えるわけではありません。そこで、彼はモデルをつく

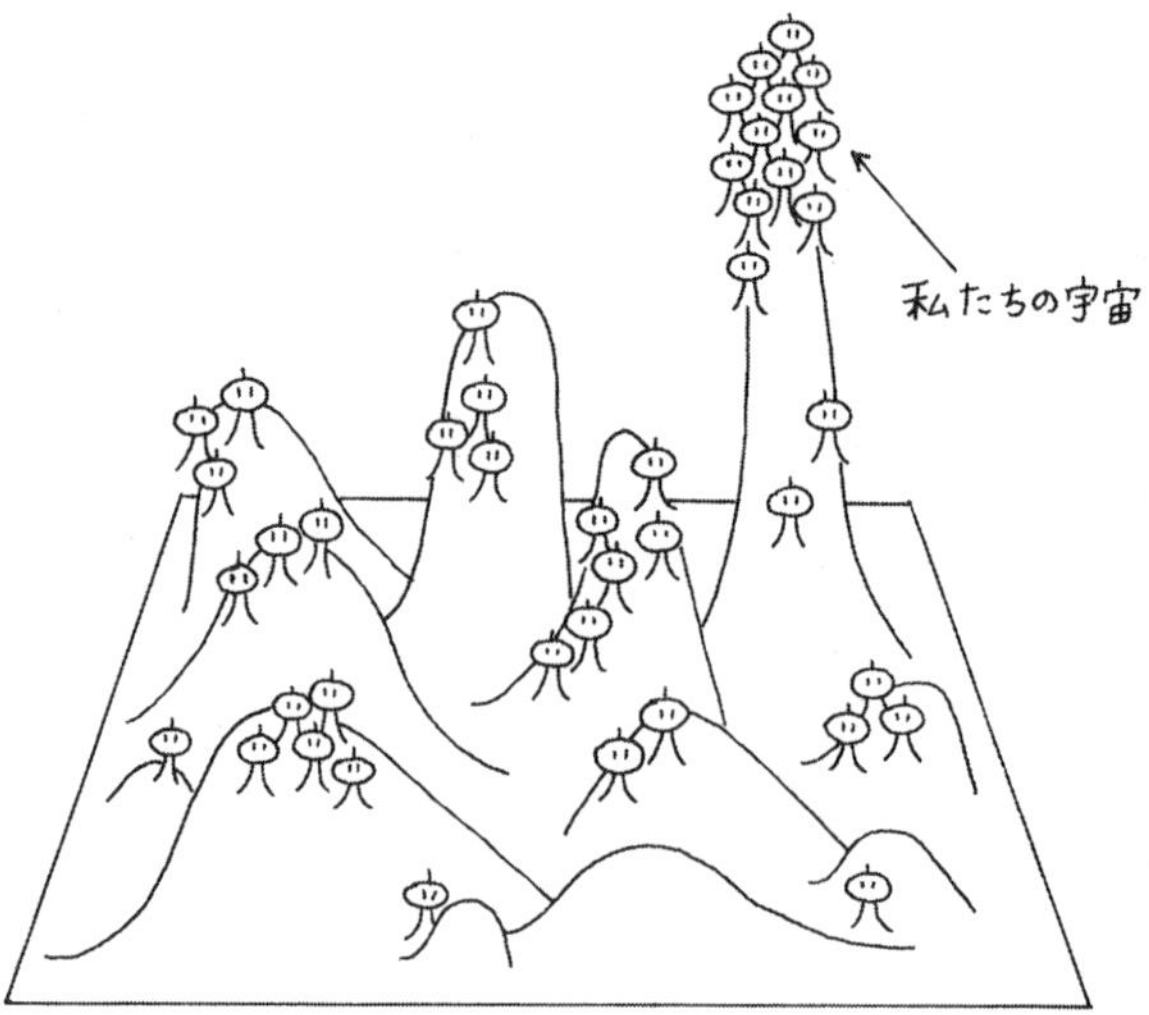

図6―2　淘汰される宇宙のイメージ

って、仮定をおいて進化を考えました。その仮定とは、一つの宇宙にブラックホールが生まれると、そのブラックホールには別の新しい宇宙が生まれるのだというものです。これは何の根拠もない仮定で、そんなことが証明されたことはありません。私はインフレーション理論に則って、ワームホールができたら別の宇宙ができるという話はしましたが、ブラックホールが生まれたら別の宇宙ができるというような話はないのです。

それはともかく、この仮定に沿って話を続けましょう。ここで、ブラックホールの誕生によって新しくできた宇宙の物理法則は、元の宇宙とは少しだけずれるというのです。言ってみれば、宇宙の物理法則というのは生物の遺伝子と同じようなもので、世代交代するうち突然変異によって少しだけ変化するというわけです。これはまさに、生物の進化の特徴です。

こうして、何世代にもわたるたくさんの宇宙の進化が生物の場合と同じように進めば、いずれはブラックホールをたくさんつくる宇宙が自然選択で栄えることになるといいます。彼の言い方によれば、現在の物理法則がこのような値になっているのは、この物理法則を持つ私たちの宇宙に多くのブラックホールがあるがゆえに、その値になっているというのです。

大変面白いアイデアではありますが、現実の法則でこのような理屈が説明できるわけではありません。いまの時点ではまだ、ひとつの面白いお話ということになると思います。

認識主体は人間だけか

読者のみなさんには、次のような疑問を持たれた方もあるのではないでしょうか。

「宇宙を認識する主体となりえるのは、はたして人間だけなのだろうか？」

たしかにここまで、いかにも人間だけが宇宙を認識しているように話を進めていますが、この宇宙には多様な生命体が存在していてもおかしくないはずで、人間以外の知的生命体が宇宙を認識している可能性もないとは言いきれません。過去にも、そう考えた人たちがいました。

たとえばSF作家のフレッド・ホイルは、暗黒星雲、つまりガスの固まりが知的生命体になるという作品を描いています。

それからフリーマン・ダイソンは、「宇宙は最後に陽子崩壊が起こって、残っているのは電子や陽電子だけである。そういう世界でも生命体が存在できる」と考えていることは前にもふれました。

これらはつまり、違う環境の、違う知的生命体による「人間原理」があってもよいはずだ、という考え方です。現在の物理法則が唯一のものであり、それ以外の物理法則のある宇宙では知的生命体が生まれないとは言えないのではないかということで、それについては、私もそう考えます。ですから人間原理とは、厳密には知的生命体原理と呼ぶべきでしょう。もしかしたら知的生命体の中には、人間のように自分たちの宇宙が絶妙にデザインされていることを認識し、それを不思議に感じているものもいるかもしれません。

人間原理のお話はこのへんで終わりにしましょう。ただ、繰り返しになりますが私は、究極の物理法則ができたとき、その方程式の中には数値はないはずだと思っています。そして、究極の理論がない現段階において、人間原理を認めるようなことを言うのは時期尚早ではないかと思います。ちょっとした物理定数を、何でも人間原理で説明しようとすることは、科学の研究を放棄することにもつながりかねません。きちんと物理法則を積み重ねて説明することをあきらめて

「人間原理で説明できるからいい」ということになってしまえば、それは科学を捨てることになってしまいます。私たちはその危険性に注意をしなければなりません。

具体的には、たとえばダークエネルギーが人間にとって都合のよい量になっていたことが、人間原理で説明できたからといって、それで終わりではないということです。きちんと物理的な研究をやって、どうしていまのダークエネルギーの値になっているかという問題にチャレンジすることが大切だと私は考えています。

二つの謎が次世代の物理学を創る

アインシュタインの相対性理論から約１００年ほどの間に、宇宙の創生から進化について、私たちは基本的には認識できたのではないかというのが現在の状況です。私たちが知りえた物理法則を使うことで、宇宙の誕生から進化、現在の姿までを基本的にはすばらしく描き出すことができたのではないかと思っています。

宇宙のごく初期の姿など、まだまだ解明できていないことはたくさんありますが、これからＬＨＣの実験などによって、それもわかってくると思います。それから、光では観測することができない宇宙が晴れ上がる前の様子については、重力波をはじめとする新しい観測の「目」を使ってより深く知ることで、さらに細かくわかってくると思います。

宇宙の姿を考えるときに重要な問題は、やはり、ダークエネルギーやダークマターの謎です。多くの研究者がこの謎を解くために懸命に取り組んでいますが、まだ解明には時間がかかりそうです。

しかしこの二つの問題は、新しく21世紀の物理学を創っていくための、大きなヒントになるのではないかと私は思っています。

19世紀の終わり、20世紀が始まる直前に、ケルビン卿（＝ウィリアム・トムソン）（1824～1907）が、「現代の物理学を覆う黒い雲がある（解けない謎がある）。それはエーテルの未検出と、黒体輻射の発散という二つの大きな雲である」と言っていました。この二つの「黒い雲」と呼ばれた謎を解決することで、私たちは20世紀の物理学を手にしました。エーテルの問題は相対性理論を生み、黒体輻射の問題は量子論を生みました。難問を解決することで、まったく新しい20世紀の物理学が創られたわけです。同じように私は、ダークエネルギーやダークマターの問題を解決することで、21世紀の物理学、次世代の新たな物理学を創ることができるのではないかと思っています。

宇宙の中で私たち人間は、確かにはかない存在です。でも私たちは、自分たちが住んでいる宇宙についてみずから生み出した科学の言葉でここまで認識し、それを通して自分たちが何者であるかを知ることができるようになりました。そのような人間は、この宇宙の中で、はかないけれどもすばらしい存在だと私は思っています。

おわりに

2009年に私は、朝日カルチャーセンター新宿教室で「宇宙の誕生と未来」と題した全3回の講座をもちました。この本は、その内容をインフレーション理論というテーマに沿って再構成し、加筆をほどこしたものです。

この講座の参加者はみなさん大変熱心で、毎回の終了間際にはたくさんの方が手を挙げて質問をされるので驚きました。かなりご年配の方や女性の方も多く、宇宙論への関心の広がりを感じてうれしく思ったものです。また、これらの質問を通して、一般の方にとって宇宙論のどこがわかりにくいのか、どういう点にひっかかってしまい納得できないのか、私自身も学ぶことができました。おかげさまで本としてまとめる際にも、大いに参考になりました。

本書ではこの講座のときの語り口調を、あえて残すようにしました。いわば読者のみなさんすべてが受講生だと思って書きました。専門知識はないけれども、宇宙のことを知りたいという欲求はとても強いという意味では、受講生の方々も読者のみなさんも同じだろうと思ったからです。ただ残念ながら、本では読み終わったあとに質問を受けつけることができません。そこで、講座のときにも増して、わかりやすいように、ひっかからないように、と心がけたつもりです。

個々の記述は、物理学の観点からは、厳密には正確ではない表現になっている部分もあると思います。しかし、それは多くの方に宇宙論について大まかにでも理解していただくためとお考えください。この本が、「宇宙に対して興味はある、でも専門書は難しくて手が出せない」という方々にとって、宇宙論と出会うきっかけになれば何よりうれしく思います。また、この本で基礎的なことを理解された読者が、ほかのさまざまな宇宙論の本に、そしてときには専門書にも手を伸ばしていただけたら、私だけでなく多くの物理学者たちにとっても幸せなことでしょう。

今回、ブルーバックスの一冊として出版するに際しては、ライターの矢ノ浦勝之さんに講座の録音から第一稿を作成していただきました。斎藤ひさのさんには本文のデザインだけでなく、宇宙ファンの一人として、一般の方に親しみやすい本になるようアイデアをいただきました。玉城雪子さんにすてきなイラストを描いていただいたのも、そのひとつです。講談社ブルーバックスの山岸浩史さんには大変お世話になりました。この本が完成したのもみなさんの協力のたまもので、深く感謝しております。

佐藤勝彦

さくいん

N.D.C.441　190p　18cm

ブルーバックス　B-1697

インフレーション宇宙論《うちゅうろん》
ビッグバンの前に何が起こったのか

2010年9月20日　第1刷発行

著者　佐藤勝彦《さとうかつひこ》
発行者　鈴木　哲
発行所　株式会社講談社
〒112-8001 東京都文京区音羽2-12-21
電話　出版部　03-5395-3524
販売部　03-5395-5817
業務部　03-5395-3615
印刷所　(本文印刷) 慶昌堂印刷株式会社
(カバー表紙印刷) 信毎書籍印刷株式会社
製本所　株式会社国宝社

定価はカバーに表示してあります。

ISBN978-4-06-257697-0

発刊のことば

科学をあなたのポケットに

二十世紀最大の特色は、それが科学時代であるということです。科学は日に日に進歩を続け、止まるところを知りません。ひと昔前の夢物語もどんどん現実化しており、今やわれわれの生活のすべてが、科学によってゆり動かされているといっても過言ではないでしょう。

そのような背景を考えれば、学者や学生はもちろん、産業人も、セールスマンも、ジャーナリストも、家庭の主婦も、みんなが科学を知らなければ、時代の流れに逆らうことになるでしょう。

ブルーバックス発刊の意義と必然性はそこにあります。このシリーズは、読む人に科学的に物を考える習慣と、科学的に物を見る目を養っていただくことを最大の目標にしています。そのためには、単に原理や法則の解説に終始するのではなくて、政治や経済など、社会科学や人文科学にも関連させて、広い視野から問題を追究していきます。科学はむずかしいという先入観を改める表現と構成、それも類書にないブルーバックスの特色であると信じます。

一九六三年九月　野間省一